합격을 위한 가장 완벽한 로스터 자격 검정 기본서

KB114948

Roasting

로스팅마스터 통합
필기 대비 모의고사집

한국바리스타자격검정협회
KOREA BARISTA QUALIFICATION ASSOCIATION

현 혁 저

iCox
Education by Sympathy

Roasting

로스팅마스터 통합
필기 대비 모의고사집

초판 1쇄 인쇄 2019년 07월 12일
초판 1쇄 발행 2019년 07월 19일

지은이   현혁, 한국바리스타자격검정협회
펴낸이   한준희
펴낸곳   (주)아이콕스

기획/편집 다온미디어
디자인   다온미디어
영업지원   김진아
영업   김남권, 조용훈

Education by Sympathy

주소   경기도 부천시 중동로 443번길 12, 1층(삼정동)
홈페이지   http://www.icoxpublish.com
이메일   icoxpub@naver.com
전화   032-674-5685
팩스   032-676-5685
등록   2015년 7월 9일 제 2017-000067호
ISBN   979-11-6426-094-2

'로스팅(또는 배전)'을 이론적으로 간략히 정의하면 '생두(Green Bean)에 열을 가하여 볶는 과정'이라 할 수 있습니다. 이 로스팅 과정을 어떻게 진행하고 누가 하느냐에 따라 같은 생두라 하더라도 천차만별의 다양한 원두로 완성될 수 있는데 이는 다시 말해 로스팅은 그 로스터의 개성과 특색을 나타내는 하나의 테크닉이라 할 수 있으며, 어떠한 정답도 존재하지 않는 매력적이면서 복잡한 작업이죠. 또, 커피는 굉장히 민감한 음식이기 때문에 여러 가지 상황들(온도, 습도, 환경 등)에 따라 엄청나게 많은 변수들이 존재합니다. 그렇기 때문에 로스팅이라는 작업을 수량화하고 구체적으로 표현하기는 사실상 불가능하다고 감히 말씀드리겠습니다. 단, 기준이라는 것이 존재해야 무언가에 대한 평가가 가능하기에 제가 그동안 로스팅을 해 오면서 익힌 노하우들을 토대로, 지극히 제 개인적인 성향의 내용들을 정리하여 교재를 만들어 보았습니다.

날이 갈수록 빠른 속도로 수많은 정보들이 계속해서 업데이트되고 있는 현 시점이고 보면, 커피라고 해서 다를 것은 없겠죠. 즉, 이 책에 기록된 내용들 또한 당연히 시간이 지날수록 계속해서 업데이트되어야 한다고 생각합니다. 커피라는 분야 역시 여느 분야와 마찬가지로 시대에 따라 유행이라는 것이 존재하는데요. 개인적인 생각일 수 있지만, 특히 우리나라는 전 세계 어느 나라와 비교해도 유행에 굉장히 민감한 나라인 것 같습니다. 우리나라의 커피 역사만 봐도 엄청나게 빠른 속도로 발전하면서 현재에도 유행처럼 계속해서 번져나가고 있는 현 상황들을 보면 알 수 있죠.

앞서 언급했듯 로스팅을 포함한 '커피'라는 분야에는 명확한 정답이 없으며, '기호 식품'이라는 단어에서 알 수 있듯 "내가 좋아하는 커피를 찾는다"라는 생각으로 임하다 보면 분명 잊을 수 없는 최고의 커피를 찾을 수 있다고 확신합니다. 반대로 마치 수학 문제를 풀어 가듯이 무언가 정해진 공식 안에서 정확한 정답만을 찾으려고 집착하다 보면 굉장히 혼란스러운 상황을 마주하게 되고, 그에 따른 엄청난 스트레스가 발생할 수 있습니다.

책을 집필하는 이 순간에도 제 스스로 너무 부족하다는 생각에 열심히 배우면서 공부하는 중이지만, 커피라는 분야 중 가장 복잡하고 어렵다는 '로스팅' 과정에 처음 입문하는 분들께 조금이나마 도움이 되기를 진심으로 바라며 정성을 다해 준비해 보았습니다.

끝으로 이번 출간을 위한 많은 노력과 함께 부족한 제게 집필 기회를 주신 아이콕스와 협회 관계자분들께 감사의 말씀을 전합니다. 또한 그간 제 커피를 접하신 모든 분들과 현재 제가 커피에 집중할 수 있도록 서포트해 주는 '우리커피' 김명겸 대표님 외 임직원 일동에게도 감사하며, 마지막으로 무엇보다 사랑하는 제 어머니와 함께, 지금은 고인이 되셨지만 저보다 앞서 커피를 하셨던 저의 큰 스승 아버지, 그리고 커피뿐 아니라 제가 인생에 있어 어떤 일이든 최선을 다하도록 하는 원동력이자 버팀목인 사랑하는 아내 강하나와 아들 강이에게 이 책을 바칩니다.

저자 현 혁

1. 검정 방법 : 온라인접수 – 한국바리스타자격검정협회 홈페이지(http://kbqa.or.kr) 접속 회원 가입 후 온라인 접수
필기 접수 –〉 필기 검정 –〉 필기 합격자 발표 –〉 실기 접수 –〉 실기 검정 –〉 합격자 발표 –〉 자격증 발급
개인 접수는 검정일 기준으로 5일 전까지 가능하며, 5인 이상인 경우 검정일 기준 10일 전까지 접수 가능

2. 검정 안내

자격 종목	검정 소개	필기 검정 (60점 이상)		
		과목	방법	시간
로스팅마스터	로스팅 단계별로 구별되는 향, 색, 맛 등을 구별하여 로스팅하고, 로스팅 기기를 능숙하게 사용하여 차별적인 커피를 만들고 서비스하는 능력을 평가하는 민간자격검정	1. 로스터기 및 기타 설비에 대한 이해 2. 생두의 품종별 특징 3. 결점두의 종류 및 특징 4. 로스팅의 8단계 5. 화력 조절, 댐퍼 조절이 로스팅에 미치는 영향 6. 로스팅의 물리적, 화학적 변화 7. 수확 연도, 가공 방식 등이 로스팅에 미치는 영향 8. 산지별 로스팅 포인트 9. 숙성 과정에 따른 다양한 커피 추출 방법 10. 커핑 등 다양한 커피 추출에 따른 그라인딩 방식 11. 안전 및 유지, 보수	1.객관식 20문항 (각 4점 배점) 2.주관식 5문항 (각 4점 배점)	50분

실기 검정 (60점 이상)				응시료
과목	평가 사항	시간	점수	
1. 단계별 색상 판별	로스팅 사이클에서 커피의 단계를 판별하는 능력 평가	5분	20점	
2. 센서리	로스팅 센서리 분석을 통해 로스팅 단계를 구분하는 능력 평가	10분	15점	
3. 로스팅	– 심사 위원이 지정한 원두를 선택하여 로스팅한 후 프로파일 로그 작성 (로스팅 시간과 온도 변화를 단계별로 기록) 후 샘플 (1세트) 제출 – 로스팅 작업의 숙련도 평가	30분	55점	필기 : 10만 원 실기 : 15만 원
4. 정리	로스팅 후 마무리 평가	–	10점	

CHAPTER 01 | 생두 (Green Bean)

1.1 생두의 품종별 특징

1.2 생두 평가

1.3 산지별 특징과 로스팅 포인트

UNIT 01

생두의 품종별 특징

1.1 생두란 무엇인가?

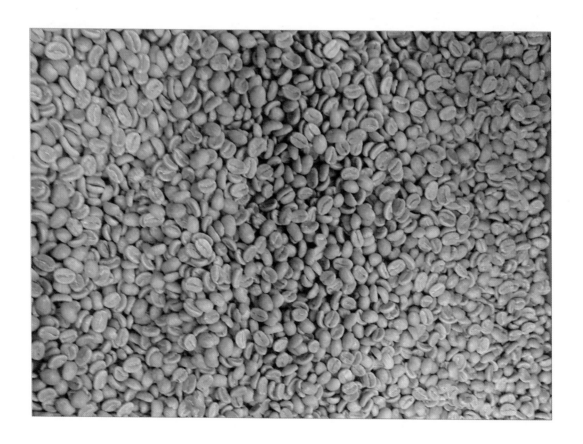

우리가 '커피'라고 부르는 이 음료는 커피 나무에서 열리는 열매의 씨앗인 '생두'를 볶은 후 다양한 방법의 '분쇄'와 '추출' 과정들을 거치면서 비로소 완성됩니다. 커피 나무의 열매는 익을수록 그 색상이 빨갛게 변하는데, 이러한 현상 때문에 커피 열매를 '커피 체리'라고 부르기도 하죠. 이 열매에는 일반적으로 두 개의 씨앗이 들어 있는데 이를 생두(Green Beans)라 하며, 대표적으로 에티오피아가 원산지인 '아라비카' 종과 콩고가 원산지인 '로부스타' 종으로 나누어 집니다. 여기에 '리베리아' 종 까지 더해 크게 세 가지 종으로 분류 되지만 오늘날 리베리아 종은 향과 맛 등에 있어 상품으로서의 가치가 많이 하락해 존재감이 거의 없어졌습니다.

이처럼 앞으로 계속해서 시간이 지날수록 맛과 향이 뛰어난 생두를 얻기 위해 사람들은 끊임 없이 연구하고 개발하기 위해 노력할 것입니다. 최고의 커피가 만들어지기 위해서는 숙련된 로스터의 훌륭한 로스팅과 뛰어난 바리스타의 커피 제조 능력 등 다양한 조건이 갖추어져야 합니다. 하지만 필자의 확고한 생각은 커피는 음식이기 때문에 재료, 즉 '생두'가 신선하고 품질이 좋다는 전제 조건이 기필코 있어야만 비로소 최고로 훌륭한 커피를 만들 수 있다고 생각합니다.

1.2 아라비카(Arabica) 종의 종류와 특징

아라비카 종은 열대 지역에 널리 분포되어 재배되고 있으며 재배하는 지역의 자연 환경에 따라 각기 다른, 다양하면서도 독특한 커피 맛과 향을 지니고 있는 것이 가장 큰 특징이라고 할 수 있습니다.

이러한 아라비카(Arabica) 종은 로부스타(Robusta) 종에 비해 상대적으로 맛과 향이 뛰어나 상품으로써의 가치를 높게 평가받고 있습니다. 대표적인 예로, '스페셜티(specialty)커피', 'C.O.E(Cup Of Excellence) 등급' 등 등급이 높은 커피를 논할 때 아라비카 종 커피의 우수성을 다시 한 번 확인할 수 있습니다. 이처럼 고급 원두인 아라비카 종의 종류와 특징에 대해 알아보도록 하겠습니다.

1. 타이피카(Typica) 종

아라비카 종 가운데 가장 아라비카 종 본연의 특징을 가지고 있는 품종으로 중남미와 아프리카, 아시아 지역 등에서 재배되고 있습니다. 재배 조건 자체가 매우 까다롭고 녹병이나 병충해 등 자연 재해에도 취약해 생산성이 낮아 그만큼의 희소적인 가치가 있는 품종입니다. 긴 타원형의 모양이 특징이고 우수한 향과 특유의 신 맛을 가지고 있습니다.

2. 버본(Bourbon) 종

타이피카 종에 가까운 우량종으로 돌연변이로 생긴 종들 중 가장 오래된 종입니다. 대표적인 커피로는 '세계 최대 커피 생산국'인 브라질의 '버본' 커피가 있습니다. 둥글고 작은 모양에 '센터컷'이 S자를 그리고 있는 것이 특징입니다. 수확량에 있어서는 아무래도 브라질이라는 국가의 영향 때문에 앞서 소개한 타이피카 종에 비해 20~30%정도 많으나 상품으로서의 가치는 비교적 떨어집니다.

3. 카투라(Caturra) 종

앞서 소개한 버본 종의 돌연변이 변종입니다. 모양은 둥글고 작은 편이지만 녹병 등 자연 재해에 강한 특징을 가지고 있고, 특히 생산량이 많다는 장점이 있습니다. 단, 재배 농장에 따라 품질의 편차가 다양하며 생산하는데 있어 비용이 많이 든다는 단점도 가지고 있습니다. 신 맛이 나는 특징이 있지만 앞서 소개한 두 품종들에 비해 단 맛이 적고, 떫은 맛이 발생하는 경우도 있습니다.

4. 몬도노보(Mondo-Novo) 종

버본 종과 수마트라 종의 자연 교배종으로 1950년대부터 브라질에서 재배하기 시작하였습니다. 환경 적응이 뛰어나고 병충해에 강하면서 생산량도 많은 편이라 현재 '카투라, 카투아이'와 함께 브라질의 주력 상품이기도 합니다. 부드러운 향미와 신 맛과 쓴 맛이 조화로워 처음 등장했을 때 장래성과 기대감이 컸기에 '몬도노보(신세계)'라는 이름이 붙여지게 되었습니다.

5. 카투아이(Catuai) 종

생산량이 많은 몬도노보 종과 나무의 높이가 낮은 카투라 종의 교배 품종으로 생산량이 많고 나무의 높이가 낮은 특징이 있습니다. 특히 온두라스, 코스타리카, 과테말라 등 대다수의 중미 지역 국가들에서 주력으로 재배되고 있습니다. '아주 좋은'이란 뜻을 가진 카투아이 종은 병충해에 강하며 우수한 생산성과 품질 또한 일정한 편입니다. 하지만 맛에 대한 평가에 있어서는 단조로운 편이라는 등 크게 좋은 평가를 받지 못하고 있습니다.

1.3 로부스타(Robusta) 종의 종류와 특징

로부스타 종은 아프리카 콩고에서 처음 발견되었습니다. 앞서 소개된 아라비카 종에 비해 낮은 고도(해발 800m 이하)에서 재배가 가능할 뿐만 아니라 병충해에 강하고 고온 다습한 지역에서도 적응할 수 있는 강인한 생명력을 가지고 있죠. 생두의 모양은 작고 둥글고 색상은 연갈색, 황갈색 등 갈색 계열의 색상을 지니는 것이 특징입니다. 아라비카 종에 비해 쓴 맛이 강한 편이고 향은 떨어지면서 카페인 함량은 높아 그 동안 주로 인스턴트 커피를 생산할 때 사용되곤 했지만 요 근래에는 '스페셜티(specialty)' 등급의 로부스타 종이 나올 정도로 결코 무시할 수 없는 품종이라고 생각합니다.

1. 코닐론(Kouilou=Conilon) 종

아프리카 콩고가 원산지인 코닐론 종은 대표적인 로부스타 종으로 콩고, 코트디부아르, 가봉 등의 국가에서는 'Kouilou'라고 표기됩니다. 전 세계에서 생산되는 로부스타 종 중 90% 이상의 압도적인 생산량을 자랑하는 이 로부스타 종은 세계 최대 커피 생산국인 브라질에서도 생산되는데, 브라질에서는 'Conilon'이라 표기됩니다. 주로 인스턴트 커피 제조 시 사용되던 종으로 대량 생산되던 코닐론 종 역시 현재에는 제품의 퀄리티를 높이면서 보다 나은 제품으로 생산하기 위해 노력 중입니다.

2. S 274 시리즈

로부스타 중 전 세계에서 최고로 품질이 좋은 '인도 카피 로얄 로부스타' 품종으로, 현재 로부스타 커피 시장에서 가장 주목받는 품종입니다. 필자 개인적으로는 처음 이 품종을 접했을 때 엄청난 충격을 받은 기억이 있는데, 로부스타 종이지만 특유의 쓴 맛과 떫은 맛은 약하면서 단 맛과 강한 바디감을 가지고 있습니다. 최근 들어 블렌딩 커피 외에 브루잉 커피 추출 시 싱글 오리진으로도 많은 수요가 있는 이 품종은 앞으로 더욱 발전 가능성이 있는, 주목해 볼 만한 품종이라고 생각합니다.

`1.4` 결점두의 종류와 특징

생두의 결점은 성장, 수확, 가공 과정 등 여러 이유가 존재합니다. 결점두는 커피의 맛과 향에 있어 큰 영향을 미치기도 하죠. 그 때문에 '핸드 픽(Hand-Pick)'이라는 작업은 로스팅을 진행하기 전, 그리고 로스팅이 마무리된 후에도 꼭 거쳐야 하는 중요한 작업입니다. '핸드 픽'이란 말 그대로 손으로 결점두를 제거하는 작업으로, 커피의 맛과 향에 있어서 불필요한 부분들을 제거하고 커피의 질을 향상시킵니다. 지금부터 여러 가지 결점두의 종류와 그 특징에 대해 알아보기로 하겠습니다.

1. Black Bean (검게 변한 생두)

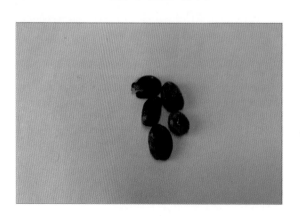

생두의 전체 혹은 일부가 검은색을 띠고 있는 결점두입니다. 대표적인 원인은 수확 시 다양한 이유로 발생한 세균 감염인데, 내부를 확인해 보면 다량의 이물질이 검출되기 때문에 핸드 픽 작업 시 무조건 골라내야 하는 주요 결점두죠. Black Bean이 커피 맛에 미치는 영향으로는 시큼한 맛, 떫고 매콤한 맛 등이 발생하는 특징이 있습니다.

2. Insect Damaged Bean (곰팡이 균이 생긴 생두)

생두 표면에 작은 구멍이 있는 결점두로서 ' 벌레 먹은 콩'으로도 불리는 이 결점두는 생두에 생긴 작은 구멍 주변이 초록색으로 변색된 현상을 쉽게 볼 수 있는데, 벌레가 먹은 자리에 곰팡이균이 생기거나 세균에 감염되어 이러한 현상이 생기죠. 구멍 안에 벌레가 알을 낳아 애벌레가 자라기도 하는 이 결점두가 커피 맛에 미치는 영향으로는 매캐한 맛, 기분 나쁜 쓴 맛 등이 있습니다.

3. Immature Bean = Unripe Bean (미성숙 생두)

수확 시기가 되지 않은 익지 않은 열매에서 미성숙 상태로 수확된 결점두입니다. 생두의 표면이 주름져 있고 정상적인 생두보다 밝은 녹색, 혹은 엷은 노란색을 띠는 것이 특징입니다. Immature Bean(=Unripe Bean)이 커피 맛에 미치는 영향으로는 풋내가 나는 떫은 맛, 톡 쏘는 시큼한 맛 등이 있습니다.

4. Sour Bean (발효된 생두)

위에서 설명한 미성숙두와 반대의 경우로 너무 늦은 수확, 또는 땅에 떨어진 커피 체리가 흙과 오래 접촉하는 등의 이유로 생두가 발효되며 발생한 결점두입니다. 정상 생두에 비해 건조가 많이 진행되고 생두 표면의 색상 또한 적갈색을 띠죠. Sour Bean이 커피 맛에 미치는 영향으로는 톡 쏘는 시큼한 맛, 떫고 매콤한 맛 등이 있습니다.

5. Shell Bean (안이 비어 있는 생두)

일명 '조개두'라고도 불리우며 생두의 가운데가 텅 비어 있는 결점두입니다. 유전적인 원인, 또는 잘못된 가공 방식으로 인해 발생됩니다. Shell Bean이 커피 맛에 미치는 영향으로는 탄 맛이나 쓴 맛 등이 발생하는 특징이 있는데 이는 가운데가 비어 있어서 로스팅 진행이 빠르게 되기 때문입니다.

6. Broken Bean (깨진 생두)

깨진 상태거나 앞서 설명한 Shell Bean의 파편인 결점두입니다. Shell Bean에서 분리된 조각 외의 깨진 생두들은 건조, 탈곡, 선별 등 여러 과정에서 잘못된 작업으로 인해 발생하게 되는데, Broken Bean이 커피 맛에 미치는 영향으로는 Shell Bean과 마찬가지로 탄 맛, 쓴 맛 등이 있는데 이 역시 로스팅 진행이 빠르게 되기 때문입니다.

7. Dried Cherry / Pods (과육 채 말라 버린 생두)

잘못된 펄핑이나 탈곡 과정에서의 문제로 발생하는 결점두입니다. 생두 전체적, 혹은 일부가 껍질로 뒤덮여 있는 외관을 하고 있는 것이 특징입니다. Dried Cherry / Pods가 커피 맛에 미치는 영향으로는 발효된 듯한 불쾌한 맛이 있습니다.

연습 문제 ☕ ─────────

01. 아라비카 종 가운데 가장 종 본연의 특징을 가지고 있는 품종으로, 재배 조건 자체가 매우 까다롭고 자연 재해에도 취약해 생산성이 낮아 그만큼의 희소적인 가치가 있는 품종은 어떤 품종인가?

① 타이피카 종   ② 카투라 종   ③ 몬도노보 종   ④ 켄트 종

02. 아프리카 콩고가 원산지인 로부스타 종으로, 전세계에서 생산되는 로부스타 종 중 90% 이상의 압도적인 생산량을 자랑하는 로부스타 종은 무엇인가?

(   )

03. 로부스타 종 중 전세계에서 최고로 품질이 좋은 로부스타로 인정받고 있으며, 최근 들어 블렌딩 커피뿐만 아니라 브루잉 커피 시 싱글 오리진 원두로도 인기를 얻고 있는 인도에서 생산되는 이 커피의 이름은 무엇인가?

(   )

04. 핸드 픽 작업 시 무조건 골라내야 하는 주요 결점두로 표면 전체 혹은 일부가 검은색을 띄고 있는 결점두의 종류를 무엇이라 하는가?

① Insect Damaged Bean   ② Immature Bean

③ Black Bean   ④ Pods

05. 일명 '조개두'라고 불리우며 생두의 가운데가 텅 비어 있는 모양의 결점두의 종류를 무엇이라고 하는가?

(   )

▶▶ 연습 문제 해답 ◀◀

01 ①   02 코닐론 종   03 인도 카피 로얄 로부스타   04 ③   05 Shell Bean

UNIT 02

생두 평가

2.1 생두 평가의 중요성

로스팅을 하는데 있어서 그 재료가 되는 생두에 대한 평가는 굉장히 중요한 부분을 차지하고 있지만 의외로 이 부분을 대수롭지 않게 생각하는 로스터들이 많은 것도 사실입니다. 필자는 매번 입고되는 생두의 상태를 확인하고 체크하면서 생두에 대한 평가를 진행하는데 생두를 평가하는 기준은 다양한 방식들이 존재합니다. 생두의 수확 년도, 수분 함량, 조밀도, 종자, 가공방식 등 다양한 평가 기준들이 존재하는데, 이런 생두에 대한 평가들을 제대로 할 수만 있다면 로스팅 시 발생할 수 있는 여러 가지 상황들(로스팅 포인트 설정, 로스팅 시 일어나는 변수 등)에 있어서 좀 더 쉽게 풀어 나갈 수가 있다고 생각합니다. 다시 한 번 더 강조하는 부분이지만 커피는 음식이고, 필자의 확고한 생각은 음식 맛의 기본이자 가장 중요한 부분은 바로 본연의 '재료'라고 생각합니다.

2.2 시각적 평가 (외적 평가)

생두 평가에 있어서 가장 먼저 평가가 가능한 것이 바로 시각적인 평가입니다. 눈으로 직접 확인할 수 있는 외적인 평가인데, 지금부터 '생두의 색상, 크기, 균일성, 결손율' 등 여러 가지 평가 기준을 알아보도록 하겠습니다.

1. 색상에 대한 평가(Color)

생두 색상에 영향을 미치는 요소로는 여러 가지가 있습니다. 그 중에서도 수확 시기, 가공 방식 등의 이유가 가장 큰 영향을 주는 요소들인데 먼저 생두의 수확 시기에 따른 색상 평가에 대해 알아보도록 하겠습니다.

❶ 뉴 크롭(New Crop) : 올해 수확한 생두, '진한 녹색', '청록색' 등의 색상입니다.

❷ 패스트 크롭(Past Crop) : 수확한지 1년이 넘은 생두, '옅은 녹색'의 색상입니다.

❸ 올드 크롭(Old Crop) : 수확한지 2년이 넘은 생두, '옅은 노란색'의 색상입니다.

다음으로는 가공 방식에 따른 색상 평가에 대해 알아보도록 하겠습니다. 최근 들어 여러 가지 다양한 가공 방식들이 생겨나고 있는데 아래 설명될 가공 방식들은 가장 기본적인 '내추럴 가공 방식(Natural Process)'과 '워시드 가공 방식(Washed Process)'에 대한 색상 평가입니다.

❶ 내추럴 가공 방식 : 자연 건조 가공 방식, '옅은 녹색', '옅은 노란색' 등의 색상이 특징입니다.

❷ 워시드 가공 방식 : 수세식 가공 방식, '진한 녹색', '청록색' 등의 색상이 특징입니다.

2. 크기에 대한 평가(Screen Size)

생두의 크기를 표현할 때 '스크린 사이즈(Screen Size)'라는 표현을 사용합니다. 1 Screen Size는 0.4mm의 크기를 말하는데, 이 스크린 사이즈를 측정하는 기구를 '스크리너(Screener)'라고 합니다. 생두의 스크린 사이즈를 측정하는 방식은 샘플링한 생두 300g을 스크리너에 넣고 일정 시간 흔들어 크기를 측정하는 방식입니다. 보통 생두의 등급을 정할 때 스크린 사이즈가 클수록 높은 등급으로 분류되는데, 이는 외형상의 품질을 규격화해서 등급을 매기기 위한 기준일 뿐 미각적인 평가와는 또 다른 부분이라 할 수 있습니다.

3. 결점두 발생률에 대한 평가(Imperfections)

앞서 1과의 내용에도 있었듯 결점두는 커피 맛에 큰 영향을 끼칩니다. 이는 생두 평가에 있어서도 중요한 부분을 차지하는데 보통 결점두의 발생률에 따라 생두의 등급을 매기는 나라는 대체로 정통 방식인 '내추럴 가공 방식(Natural Process)'으로 생두를 생산하는 국가들에서 사용됩니다. 아무래도 '워시드 가공 방식(Washed Process)'에 비해 결점두 발생률이 높을 수밖에 없기 때문일 텐데 여기서 혼동되지 말아야 할 것은 국가별로 표기법과 등급을 나누는 기준들이 조금씩 다르다는 점입니다. 예를 들어, 결점두 발생률에 대한 평가표인 디펙트 환산표를 기준으로 했을 때 브라질 생두는 'No.2~6'으로 등급을 표기하고(No.1 등급이 없는 이유는 결점두가 없는 생두는 있을 수가 없다는 의미라고 함), 에티오피아 생두는 'Grade 1~8'로 등급을 표기하고 있습니다.

2.3 후각적 평가 (향에 대한 평가)

생두는 뉴 크롭(New Crop)일수록 풋내가 강하며, 올드 크롭(Old Crop)이 될수록 매콤한 향으로 변하다가 그보다 더 오랜 시간이 지나면 아예 향이 나지 않게 됩니다. 생두 본연의 향 외에 다른 향(예를 들자면 흙 향, 나무 향, 연기 향 등)이 나는 경우도 있는데 이러한 이유는 '가공 과정, 보관 상태' 등에 의해 영향을 받을 수도 있으니 이 부분들 역시 생두를 평가함에 있어서 주의를 하면서 꼭 체크해야 할 부분이기도 합니다.

2.4 촉각적 평가 (겉표면에 대한 평가)

생두의 표면을 만져 보면 여러 가지의 느낌을 경험해 볼 수 있습니다. 생두가 건조한지 아니면 반대로 수분기가 있는지, 또 표면이 거칠거칠한지 매끄러운지 등 촉감으로 많은 것들을 느낄 수 있는데 이러한 이류들로는 대표적으로 '가공 방식의 차이, 수분 함량의 차이, 종자의 차이, 재배 지대에 의한 차이' 등이 있습니다.

1. 가공 방식에 의한 차이

앞서 여러 차례 언급했듯이 가공 방식은 대표적으로 '내추럴 가공 방식(Natural Process)'과 '워시드 가공 방식(Washed Process)'으로 나누어 집니다. 상대적으로 내추럴 커피는 표면이 거칠고 건조한 반면, 수세식 커피는 표면이 매끄럽고 촉촉한 느낌이 듭니다.

2. 수분 함량에 의한 차이

같은 종의 생두라는 가정하에 수분 함량은 생산된 연도에 따라 차이가 발생합니다. 즉, 수분 함량을 측정하면 '뉴 크롭 〉 패스트크롭 〉 올드크롭' 순으로 결과가 나오게 됩니다. 이는 생두의 촉각을 확인했을 시 촉촉함과 건조함의 차이를 확인할 수 있습니다.

3. 생두 종자에 의한 차이

아라비카 종과 로부스타 종을 비교해 보면 로부스타 종이 훨씬 단단한 느낌이 듭니다.

4. 생두 재배 지대에 의한 차이

같은 종의 생두라는 가정하에 재배 고도에 따라 촉각의 느낌이 다를 수 있습니다. 고지대에서 재배된 생두가 저지대에서 재배된 생두에 비해 단단한 편인데, 이는 재배 지대에 따른 낮과 밤의 온도 차 및 습도 등의 차이로 인해 커피 체리 속 생두의 조밀도에 영향을 주기 때문입니다.

연습 문제 ☕

---

01. 올해 수확된 신선한 콩이라는 뜻으로 색상은 청록색, 녹색 등을 띠고 있는 생두를 무엇이라고 하는가?

(   )

02. 수확한 지 2년이 넘은 생두로, 옅은 노란색의 색상을 띠고 있으며 냄새는 매콤한 향이 발생하는 생두를 무엇이라고 하는가?

① 뉴 크롭(New Crop) 　　　② 패스트 크롭(Past Crop)

③ 올드 크롭(Old Crop) 　　　④ 그린 빈(Green Bean)

03. 전통적인 자연 건조 방식이라고도 불리우며 커피의 단 맛과 바디감을 높여 주는 가공 방식을 무엇이라고 하는가?

(   )

04. 생두의 크기를 표현할 때 '스크린 사이즈(Screen Size)'라는 표현을 사용합니다. 그렇다면 1 Screen Size는 몇 mm를 말하는 것입니까?

① 0.1mm   ② 0.2mm   ③ 0.3mm   ④ 0.4mm

05. 다음 중 생두의 촉각적인 평가에 해당되지 않는 사항은 무엇인가?

① 생두의 가공 방식에 의한 차이   ② 생두의 색상에 의한 차이

③ 생두의 수분 함량에 의한 차이   ④ 생두의 재배 지대에 의한 차이

▶▶ 연습 문제 해답 ◀◀

01 뉴 크롭(New Crop)   02 ③   03 내추럴 가공 방식 (Natural Process)   04 ④   05 ②

UNIT 03

산지별 특징과 로스팅 포인트

3.1 브라질

커피 하면 가장 먼저 떠오르는 나라, 모두들 눈치채셨을 것이라 생각합니다. 바로 '브라질', 전세계 최대 커피 생산국인 브라질은 아라비카 종과 로부스타 종 모두를 재배하고 있습니다. 그리고 종자의 종류와 가공방식 등 세상의 모든 커피가 브라질에 다 있다고 해도 과언이 아닌데요, 이 수 많은 브라질 커피 중에서도 본지에서는 'Brazil Mogiana Natural NY2 Fine Cup' 이라는 프리미엄 등급 커피 로스팅에 대해 알아보도록 하겠습니다.

생두명	Brazil Mogiana Natural NY2 Fine Cup
수확 연도	New Crop(2019)
색상	Light Green, Yellow
Testing Note	Sweetness, Medium Body
Roasting Point	City

올해 수확된 신선한 생두이며 수분 함유량은 11~12% 정도입니다. 단, 브라질 내추럴 커피이기 때문에 조밀도는 약한 편에 속해 수분 날림이나 열 투과 및 흡수 역시 빠른 편이니 로스팅 시 특히 이 부분을 주의해야 합니다. 단계별 로스팅 진행 사항을 다음과 같이 간단히 정리해 보았습니다.

1. 초기 시점

뉴 크롭으로 풋내가 강하게 발생하는 시점이므로 수분 날리는 시간을 충분히 가져야 합니다. 커피에 좋지 않은 영향을 미치는 향 발생 및 이물질 제거 등의 이유로 댐퍼는 오픈합니다.

2. Yellow 시점

브라질 내추럴 커피의 가장 큰 장점인 단 향이 발현되는 시점입니다. 필자가 본지에 소개한 브라질 모지아나 내추럴 커피 로스팅 시 가장 중요한 시점이라고 생각하는 시점으로 단 향을 머금기 위해 댐퍼를 반 정도 닫아 줍니다.

3. 1차 크랙 시점

신 향이 발생하는 시점으로 신 향이 정점으로 발생하는 시점에 댐퍼를 오픈 해서 신 향을 억제함과 동시에 단 향과 고소한 향이 더 발생할 수 있도록 조절해 줍니다.(필자의 개인적인 로스팅 성향이겠지만, 브라질 내추럴 커피 로스팅 시 신 향을 크게 강조할 필요는 없다고 생각합니다.)

4. 2차 크랙 시점

앞서 설명 드렸듯이 조밀도가 약한 편에 속하기 때문에 열 투과 및 열 흡수가 빠른 편입니다. 특히나 2차 크랙 시점부터는 이 부분들이 더욱 빠르게 진행되기 때문에 2차 크랙이 시작되기 전(1차 크랙 시점이 종료된 이후부터 세심한 준비가 필요)부터 화력 조절에 신경을 써야 합니다.

케냐 커피는 아프리카를 떠나 전 세계적으로도 인정받는 고급 커피입니다. 이처럼 오랫동안 전 세계적으로 인정을 받으면서 많은 커피 애호가들에게도 사랑받고 있는 케냐 커피에도 여러 가지 등급들이 존재하는데, 일반적으로 'AA등급'은 케냐 커피들 중에서도 최상급의 등급을 의미합니다. 본지에서는 그 중에서도 'Kenya Kiambu AA Washed' 라는 프리미엄 등급 커피 로스팅에 대해 알아보도록 하겠습니다.

생두명	Kenya Kiambu AA Washed
수확 연도	New Crop(2019)
색상	Blue Green
Testing Note	Sweetness, Orange, Full Body
Roasting Point	Full City

올해 수확된 신선한 생두이며 '프리미엄 AA 등급'이 말해 주듯이 콩 크기 또한 굉장히 큰 편입니다.(케냐 AA등급의 커피콩은 일반적으로 17~18 Screen 이상, 즉 7.2mm이상의 큰 콩들입니다.) 또한 대부분의 케냐 커피들이 그렇듯이 키암부 AA 역시 수세식 가공 방식의 정제 과정을 거쳐 짙은 녹색의 색상을 지니고 있으며, 외관이 깔끔하고 생두들의 모양 및 크기들이 전체적으로 균일한 편이어서 깔끔한 느낌을 줍니다. 단계별 로스팅 진행 사항을 다음과 같이 간단히 정리해 보았습니다.

1. 초기 시점

워시드 가공 처리를 한 뉴 크롭의 케냐 생두는 수분 함유량이 많은 편이므로 다른 생두들의 투입 시 온도보다 좀 더 높은 온도에서 투입을 하는 것이 로스팅을 진행하는데 있어서 안정적일 수 있습니다. 단 필자의 경우 로스팅 성향 상 고온으로 진행하는 로스팅을 선호하지 않기 때문에 투입 시 온도가 높았던 것을 고려하여 어느 정도 수분이 날라가면 초반부터 화력 조절을 합니다. 역시나 풋내가 강하게 발생하는 시점이므로 수분을 날리는 시간을 충분히 가져야 하며 커피에 좋지 않은 영향을 미치는 향 발생 및 이물질 제거 등의 이유로 댐퍼는 오픈합니다.

2. Yellow 시점

초반부터 화력을 조절했기 때문에 이 시점에서는 화력을 강하게 해서 추후 일어날 생두 조직의 벌어짐(크랙 시점에서의 팽창 등)에 문제가 생길 확률을 줄일 준비를 합니다. 키암부 AA 특유의 단 향을 머금기 위해 댐퍼를 반 정도 닫아 줍니다.

3. 1차 크랙 시점

케냐 커피의 가장 큰 특징 중 하나인 신 향이 발생하는 시점으로, 신 향이 정점으로 발생하는 시점에 댐퍼를 적당히 닫아 신 향을 머금을 수 있도록 조절해 줍니다. 단, 케냐 커피의 특징 상 1차 크랙 시점에서 원두 조직의 팽창 및 소리가 크게 일어나면서 커피 향의 발산 진행 속도도 빠르게 진행되는 것을 감안해 너무 오랫동안 댐퍼를 닫아 놓고 있으면 안 되고, 이 시점에서 화력 조절 또한 필요합니다.

4. 2차 크랙 시점

앞선 1차 크랙 시점에서 댐퍼 및 화력 조절들을 통해 원두의 팽창과 커피 향에 대해 디테일하게 조절했다면 2차 크랙 시점에서는 원두 조직의 팽창을 더욱 활성화시킴으로써 원두 내부까지 열을 전달하여 케냐 커피 고유의 향을 최대한 끌어올리는 작업을 요하는 시점이라 할 수 있습니다.

단, 2차 크랙이 시작되는 시점에서는 로스팅 시 모든 부분에 있어 진행 속도가 급격하게 이루어지기 때문에 자신이 원하는 포인트로 정확히 로스팅하기 위해서는 로스터의 빠른 판단이 필요합니다.

3.3   탄자니아

탄자니아 커피는 자칫 케냐 커피와 혼동이 올 수 있을 정도로 생두 외관상의 모양뿐 아니라 로스팅 후 원두 맛에 있어서도 비슷하다는 느낌을 받을 수 있습니다. 등급의 표기부터 너무나도 케냐 커피와 닮은('AA' 등급의 표기 등) 탄자니아 커피는 강한 신 맛과 고소한 향이 가장 큰 특징입니다. 케냐와 마찬가지로 일반 등급('커머셜 등급'이라고도 함) 중 'AA' 등급은 케냐와 마찬가지로 최상급의 등급을 의미합니다. 본지에서는 AA 등급보다도 한 단계 위의 등급인 'Tanzania mbeya AAA South Washed'라는 마이크로랏 등급(스페셜티급 커피) 커피 로스팅에 대해 알아보도록 하겠습니다.

생두명	Tanzania mbeya AAA South Washed
수확 연도	New Crop(2019)
색상	Blue Green
Testing Note	Sweetness, Nutty
Roasting Point	City – Full City

스페셜티 등급의 커피와 의미상 차이는 있지만 스페셜티 급의 커피로 인정받는 '마이크로랏 커피'(소규모 특정 농장에서 특별 관리되어 생산되는 고급 커피)인 '음베야 AAA' 커피는 고소한 향이 엄청 강한 커피입니다. 개인적으로 필자가 굉장히 좋아하는 커피로서, 콩 크기 역시 굉장히 큰 편입니다.(18 Screen 이상) 수세식 가공 방식의 정제 과정을 거쳐 짙은 녹색의 색상을 지니고 있으며,

수분 함유량 역시 12% 정도로 많은 편인데 보이는 외관에 비해 의외로 조밀도는 중간 정도의 수준이라서 로스팅 시 열 공급에 있어 약간의 신경을 써야 합니다. 단계별 로스팅 진행 사항을 다음과 같이 간단히 정리해 보았습니다.

1. 초기 시점

워시드 가공 처리를 한 뉴크롭의 생두로 수분 함유량이 많은 편이나, 앞서 설명했듯이 조밀도는 중간 정도의 수준이므로 강한 화력으로 수분을 날리는 것보다 상대적으로 저온 상태에서 천천히 수분을 날리는 것이 안정적입니다. 풋내가 강하게 발생하는 시점이므로 수분 날리는 시간을 충분히 가져야 하며 커피에 좋지 않은 영향을 미치는 향 발생 및 이물질 제거 등의 이유로 댐퍼는 오픈합니다.

2. Yellow 시점

강하게 풍기는 고소한 향이 가장 큰 특징이지만 신 향이 발생하는 특징도 가지고 있어 이 시점에서는 초반부터 댐퍼를 닫는 것보다 Yellow 과정이 어느 정도 진행되고 난 뒤 댐퍼를 반 정도 닫아 주면 음베야AAA의 특징을 잘 살릴 수 있습니다. 특별한 화력 조절이 없더라도 워낙 강하게 고소한 향이 발생하므로 이 시점에서의 화력 조절은 큰 의미가 없습니다.

3. 1차 크랙 시점

신 향이 발생하는 시점으로 댐퍼를 적당히 닫아서 로스팅을 진행해 주면 좋습니다. 이 시점에서 수분의 증발이 많이 일어날 수 있기 때문에 이 부분을 유의해서 로스팅을 진행한다면 화력 조절이나 기타 다른 부분들에 있어서는 크게 어려움이 없는 시점입니다. 단, 초반부터 중반부까지 닫아 놓았던 댐퍼를 열어 주는 시점에 따라 신 향의 정도에 차이가 발생할 수 있으니 이 부분은 신경 써야 합니다.

4. 2차 크랙 시점

1차 크랙이 마무리되는 시점부터 천천히 화력을 조절하여 원하는 로스팅 포인트를 맞출 수 있도록 준비합니다. 탄자니아 커피는 너무 강배전으로 로스팅이 진행되면 특유의 향과 개성을 잃어버릴 수 있으니 개인적으로 2차 크랙이 시작되자마자 배출하는 것이 베스트 포인트라고 생각합니다.

코스타리카는 나라에서 법적으로 로부스타 종 재배를 금지하고 아라비카 종만 생산할 정도로 커피 품질 관리에 있어서 철저하게 신경을 쓰고 있는데, 코스타리카 커피는 조밀도가 단단한 커피로도 유명합니다. 고산 지대가 많아 이러한 지역에서 재배되는 조밀도가 단단한 콩을 최상급의 생두로 인정하는데 최상급의 등급을 'S.H.B 등급(Strictly Hard Bean)'이라고 표기합니다. '단단하고 견고한 콩'이라는 이 뜻을 보면 알 수 있듯이 코스타리카를 포함한 중남미의 국가들은 '생두의 조밀도'에 따라 등급을 결정합니다. 본지에서는 'Costarica Tarrazu S.H.B Washed' 중에서도 프리미엄 등급 커피 로스팅에 대해 알아보도록 하겠습니다.

생두명	Costarica Tarrazu S.H.B Washed
수확 연도	New Crop(2019)
색상	Blue Green
Testing Note	Sweetness, Black Berry
Roasting Point	City

코스타리카 커피 중에서 가장 대중적이면서도 오랫동안 변함없이 사랑받고 있는 '따라주 커피', 그 중에서도 S.H.B 등급의 '프리미엄 따라주'는 산뜻한 신 맛과 여운까지 강하게 느껴지는 특유의 단 향이 오랫동안 지속되는 것이 특징인 기분 좋아지는 커피입니다. 커피 애호가뿐만 아니라 초보자들

이 접하더라도 크게 부담없이 즐길 수 있는 매력을 가지고 있는 것 또한 코스타리카 따라주 커피의 큰 장점이라 생각합니다. 단계별 로스팅 진행 사항을 다음과 같이 간단히 정리해 보았습니다.

1. 초기 시점

워시드 가공 처리를 한 뉴 크롭의 생두로 수분 함유량이 많은 편이면서 조밀도 또한 단단하기 때문에 수분 날리기 작업을 충분히 해 주어야 합니다. 다른 생두들에 비해 풋내가 적은 편이지만, 역시나 초기 시점에는 커피에 좋지 않은 영향을 미치는 향 발생 및 이물질 제거 등의 이유로 댐퍼는 오픈합니다.

2. Yellow 시점

특히나 단 향이 강하게 발생하는 특징이 있어 다른 생두들에 비해 Yellow 시점에서는 댐퍼를 계속해서 반 정도 닫은 채로 로스팅을 진행합니다. 화력 조절 또한 이 시점에서는 비교적 약한 불로 오랫동안 진행하면서 단 향을 길게 머금을 수 있도록 합니다. Yellow 시점의 마무리 단계에서 댐퍼를 오픈하고 화력을 최대치로 올립니다.

3. 1차 크랙 시점

신 향이 발생하는 시점으로 중간쯤부터 댐퍼를 적당히 닫아서 로스팅을 진행해 주면 좋습니다. 단, 너무 오랫동안 댐퍼를 닫고 로스팅을 진행한다면 자극적인 신 향이 발생할 수도 있으니 이 점을 주의해야 합니다. 조밀도가 단단해 화력은 크게 조절하지 않아도 됩니다.

4. 2차 크랙 시점

조밀도가 단단한 생두들을 로스팅할 때 가장 큰 장점은 조밀도가 약한 생두들에 비해 열 투과 및 열 흡수에 있어 상대적으로 여유를 가지고 로스팅을 진행할 수 있다는 것입니다. 따라주 S.H.B 프리미엄 등급 커피의 특징 상 '씨티 로스팅'을 베스트 포인트로 잡았기 때문에 2차 크랙 시점이 시작되기 전 배출을 하는데 화력 조절을 굳이 하지 않더라도 로스팅을 마무리하는 데에 있어서 큰 영향을 끼치지는 않습니다.

과테말라 커피는 코스타리카 커피와 마찬가지로 생두의 조밀도가 단단한 편에 속합니다. 등급 표기 역시 코스타리카와 마찬가지로 최상급의 등급을 'S.H.B 등급(Strictly Hard Bean)'이라고 표기합니다. 또한 화산 지대가 많아 '스모크한 커피의 대명사'라고 불리우기도 하는데요, 본 단원에서는 'Guatemala Antigua S.H.B Washed' 커피 로스팅에 대해 알아보도록 하겠습니다.

생두명	Guatemala Antigua S.H.B Washed
수확 연도	Past Crop(2018)
색상	Light Green
Testing Note	Smoky, Full Body
Roasting Point	Full City

화산 지대 주변에 농장이 있는 과테말라 '안티구아 S.H.B' 커피는 훈제 향이 나는 스모키한 커피로 특히나 진한 커피를 좋아하는 분들에게 큰 사랑을 받고 있습니다. 입안에서 느껴지는 바디감도 강하면서 중후한 향이 나는 것이 가장 큰 특징인데, S.H.B 등급의 안티구아 커피는 여운에 다크 초콜렛과 같은 맛이 나기도 합니다. 앞서 설명드렸던 생두들과는 다르게 뉴 크롭이 아닌 '패스트 크롭(수확한지 1년이 경과된 생두)'의 생두를 로스팅할 예정인데, 개인적으로 과테말라 커피의 바디감을 살리기에는 뉴 크롭보다 패스트 크롭으로 로스팅을 했을 시 그 장점이 극대화된다고 생각합니다. 단계별 로스팅 진행

사항을 다음과 같이 간단히 정리해 보았습니다.

1. 초기 시점

패스트 크롭의 생두이기 때문에 뉴 크롭의 생두를 로스팅할 때보다 비교적 약한 불로 수분을 날리는 작업을 진행합니다.(뉴 크롭에 비해 상대적으로 수분이 감소했기 때문에) 풋내보다는 약간의 매콤한 향이 발생하고, 이물질 제거 등의 이유로 초기 시점에는 항상 댐퍼를 오픈합니다.

2. Yellow 시점

Yellow 시점에서는 댐퍼를 반 정도 닫은 채로 로스팅을 진행합니다. 화력 조절 또한 비교적 약한 불로 오랫동안 진행하면서 생두의 내부와 외부 모두 균일하게 열 투과 및 열 흡수가 잘 될 수 있도록 합니다. Yellow 시점의 마무리 단계에서 댐퍼를 오픈하고 화력을 천천히 올려 줍니다.

3. 1차 크랙 시점

신 향이 발생하는 시점으로 1차 크랙이 정점에 다 달았을 때 화력을 약간 줄여 줍니다. 신 향이 크게 느껴지는 생두가 아니므로 이 시점에서 댐퍼는 계속해서 열어 줍니다. 1차 크랙이 마무리 되면 2차 크랙 시점까지 그리 긴 시간이 걸리지 않기 때문에 2차 크랙에 대한 대비를 미리 하는 것이 좋습니다.

4. 2차 크랙 시점

안티구아 S.H.B 등급 커피의 특징 상 씨티에서 풀씨티 사이의 로스팅 포인트를 추천하는데, 풀씨티 로스팅에 가까운 포인트로 진행합니다. 2차 크랙이 시작되기 직전 댐퍼를 살짝 닫아 주면서 화력을 줄여 스모크한 향을 머금게 해 훈제 향을 극대화시킵니다.

3.6   인도

인도 커피를 이야기할 때 보통 '몬순 커피'에 대한 이야기부터 합니다. 아주 오래 전에는 지금과 같은 운송 시스템이 갖추어지지 않아 인도에서 유럽까지 해운으로 6개월 이상의 시간이 걸렸다고 하는데요. 이때 오랜 시간 동안 생두가 습기에 노출되면서 색상의 변화와 독특한 향을 머금게 되어 몬순 커피가 탄생했습니다. 현재는 운송 기술의 발달로 인해 남서 몬순풍이 불어오는 5~6월경 생두 창고를 개방하여 골고루 펼쳐 놓은 생두를 습기에 노출시키는 인위적인 방법을 사용하여 몬순 커피를 생산한다고 하는데, 본 단원에서는 위에서 설명한 몬순 커피가 아닌 다른 생두를 소개해 드리려합니다. 바로 로부스타 종의 스페셜티라 불리우는 'India Kappi Royale AA Washed' 커피 로스팅에 대해 알아보도록 하겠습니다.

생두명	India Kappi Royale AA Washed
수확 연도	New Crop(2019)
색상	Light Yellow
Testing Note	Dark Chocolate, Full Body
Roasting Point	Full City

본지에서 소개하는 유일한 로부스타 종의 커피입니다. 그만큼 필자가 꼭 소개하고 싶은 커피이며, 현재 전 세계 커피 시장에서도 굉장히 주목받고 있는 영향력 있는 커피라고 생각합니다. 보통 이론적으로 커피에 대해 단순히 생각하면 아라비카 종에 비해 로부스타 종은 품질 면에서 떨어지는 저급 커피라고 생각하기 쉽습니다.(그동안 로부스타 커피에 대한 인식은 저가의 커피로 인스턴트 커피를 제조할 때 사용되는 커피라는 인식이 강했음) 커피 기술이 발전함에 따라서 로부스타 종의 품종도 계속해서 개발되고 있는 현 시점에서도 '인도 카피 로얄' 로부스타는 꼭 경험해 봐야 할 커피라

고 생각합니다. 단계별 로스팅 진행 사항을 다음과 같이 간단히 정리해 보았습니다.

1. 초기 시점

로부스타 종으로 조밀도가 단단한 편의 생두이기 때문에 초기 시점에 수분날리기 작업을 충분히 해 주는 것이 좋습니다. 카피 로얄 생두에서 발생하는 특유의 건초 향과 이물질 제거 등의 이유로 초기 시점에는 항상 댐퍼를 오픈합니다.

2. Yellow 시점

Yellow 시점에서는 댐퍼를 반 정도 닫은 채로 로스팅을 진행합니다. 특별히 화력 조절을 할 필요는 없으며, Yellow 시점의 마무리 단계에서 댐퍼를 오픈합니다..

3. 1차 크랙 시점

신 향이 발생하는 시점으로 카피 로얄 로부스타 로스팅 시 화력 및 댐퍼 조절에 있어 크게 변화를 주지 않는 시점입니다. 단 1차 크랙 시점의 마무리 단계에서 카피 로얄 로부스타 특유의 구수한 향 과 바디감을 좀 더 강조하기 위해 댐퍼를 반쯤 닫아 줍니다.

4. 2차 크랙 시점

1차 크랙이 끝나는 시점에 댐퍼를 열고 2차 크랙 시점까지 특별한 댐퍼 조절 없이 계속해서 로스팅 을 진행합니다. 카피 로얄 로부스타의 경우 기본적으로 강한 바디감과 쓴 맛을 가지고 있기 때문에 댐퍼 조절을 잘못 했을 시에 로부스타 종에서 발생할 수 있는 특유의 쓴 맛과 떫은 맛이 극대화될 수 있으니 이 부분을 주의하여 로스팅을 진행해야 합니다. 추천 로스팅 포인트는 강배전에 속하는 풀씨티 로스팅을 추천합니다.

마일드 커피의 대명사로 불리우는 콜롬비아 커피는 '콜롬비아 커피 생산자 협회'의 감독 하에 로부스타 종 재배를 불법으로 지정할 정도로 국가적으로 품질에 대한 관리가 엄격한 것으로 유명합니다. 생두의 크기에 따라 등급을 분류하기도 하는데 Screen Size 17~18 이상의 콩 크기가 큰 생두 들의 등급을 '수프리모(Supremo)'라고 합니다. 본지에서는 'Colombia Huila Supremo Washed' 커피 로스팅에 대해 알아보도록 하겠습니다.

생두명	Colombia Huila Supremo Washed
수확 연도	New Crop(2019)
색상	Blue Green
Testing Note	Roasted Nutty, Green Apple
Roasting Point	Full City

올해 수확된 신선한 생두이며 '슈프리모 등급'이 말해 주듯 콩 크기가 꽝장히 큰 편입니다. 수세식 가공 방식의 정제 과정을 거쳐 짙은 청녹색의 색상을 지니고 있으며, 수분 함량 역시 12% 이상으로 외관을 만졌을 시 촉촉한 느낌이 들며, 생두의 모양 및 크기가 전체적으로 크고 균일한 편입니다. 생두의 조밀도 또한 단단한 편이어서 로스팅 시 생두 내부까지 충분히 열이 전달될 수 있도록 로스팅을 진행해야 합니다. 단계별 로스팅 진행 사항을 다음과 같이 간단히 정리해 보았습니다.

1. 초기 시점

워시드 가공 처리를 한 뉴 크롭의 후일라 수프리모 생두는 수분 함량이 높은 편입니다. 이는 수분날리는 과정을 충분히 진행해야 한다는 의미이기도 하죠. 또한 생두 자체의 풋내가 강한 편이기도 하고 이물질 제거 등의 이유로 댐퍼는 오픈합니다.

2. Yellow 시점

필자 개인적으로 생각했을 때 후일라 수프리모 로스팅 시 가장 중요한 시점이라고 생각합니다. 초기 시점에서 충분히 수분날리기를 진행한 뒤 Yellow 시점에서 어떻게 로스팅을 진행하느냐에 따라 커피의 맛과 향이 결정된다고 해도 과언이 아닙니다. 초반에 발생하는 단 향과 중간 지점에서의 고소한 향, 마무리 단계에서의 신 향까지, Yellow 시점에서 댐퍼 및 화력의 조절로 인해 본인이 원하는 스타일의 커피 향을 표현할 수 있습니다.

3. 1차 크랙 시점

신 향이 발생하는 시점으로 신 향이 정점으로 발생하는 시점에 댐퍼를 적당히 닫아 신 향을 머금을 수 있도록 조절해 줍니다. 1차 크랙 시점에서 커피 향의 발산 진행 속도도 빠르게 진행되는 것을 감안해 너무 오랫동안 댐퍼를 닫아 놓고 있으면 안 됩니다.

4. 2차 크랙 시점

앞선 1차 크랙 시점에서 댐퍼 조절을 통해 원두의 팽창과 커피 향에 대해 조절했다면 2차 크랙 시점에서는 원두 조직의 팽창을 더욱 활성화시킴으로써 원두 내부까지 열을 전달하여 안정적으로 로스팅이 마무리될 수 있도록 신경 써야 하는 시점이라 할 수 있습니다. 2차 크랙이 시작되자마자 원두를 배출해야 하는 포인트이기 때문에 로스팅 마무리 과정에서 특히 집중을 해야 합니다.

아라비카 종의 원산지인 에티오피아 커피는 대부분의 생두가 길쭉한 타원형의 모양을 띠고 있습니다. 커피 맛과 개성에 있어서 워낙 뛰어나고 훌륭한 품종들이 많기로도 유명한데요, 이렇게 여러 종류의 고급 커피들이 활발하게 생산되고 있는 만큼 가공 방식 또한 다양하게 존재합니다. 그렇다 보니 같은 품종이지만 가공 방식에 따라 다양한 종류의 커피로 생산되기도 하는데, 예를 들어 에티오피아의 대표 품종 중 하나인 '예가체프 G2'만 보더라도 자연 건조 방식인 내추럴 방식의 커피와 수세식 방식의 워시드 방식의 커피로 각각 생산되어 가공 방식에 따른 맛과 향의 차이가 크게 발생하는 것을 확인할 수 있습니다. 본 단원에서는 'Ethiopia Yirgacheffe Kochere G2 Washed' 커피 로스팅에 대해 알아보도록 하겠습니다.

생두명	Ethiopia Yirgacheffe Kochere G2 Washed
수확 연도	New Crop(2019)
색상	Blue Green
Testing Note	Sweet Potato, Maple Syrup
Roasting Point	High

올해 수확된 신선한 생두이며 'G2' 등급의 '예가체프 코체르'라는 프리미엄 등급의 생두입니다. 여기서 'G2' 등급이란, 에티오피아는 샘플 생두 300g을 기준으로 결점두의 수량에 따라 등급을 정하

는데 G1~G8까지 총 8단계로 등급이 분류되죠. 즉, 샘플 생두 300g에서 발견되는 결점두의 수량이 0~3개면 G1 등급, 4~12개면 G2 등급으로 표기되는 방식이 기준으로 정해져 있는 것입니다. 다만, 이 등급 기준표는 맛과 향에 대한 등급의 기준과는 별개라고 생각하시는 것이 커피를 선택하는데 있어서 혼동이 오지 않을 것입니다. 등급을 표시할 때 사용되는 'G'는 Grade의 약자를 의미하는데, 결점두의 수량으로 등급을 매겼다는 것은 다시 말해 '수출 등급'이기 때문입니다. 단계별 로스팅진행 사항을 다음과 같이 간단히 정리해 보았습니다.

1.초기 시점

에티오피아 커피는 신선한 뉴 크롭의 생두일수록 풋내와 특유의 비린 향들이 자극적으로 발생합니다. 이 초기 시점에 발생하는 불필요한 향들을 잡아 주어야 에티오피아 커피 로스팅 시 표현할 수 있는 개성들(열대 과일의 신 맛, 꽃 향기, 단 향 등)을 표현할 수 있습니다. 에티오피아 커피는 '커피의 여왕'이라고 불릴 정도로 향을 중요시 하는 커피이기 때문에 초기 시점부터 향에 대한 부분에 있어서 심혈을 기울일 필요가 있습니다. 이때 불필요한 잔 향들을 모두 제거해야 하기에 댐퍼는 오픈합니다.

2. Yellow 시점

예가체프 코체르라는 생두의 큰 특징 중 하나인 단 향 발생이 일어나는 시기로 단 향 발생 시점부터 계속해서 댐퍼를 반 이상 닫아 줍니다. 필자는 이 시기에 화력 역시 조절하여 최대한 오랫동안 향을 머금게 합니다. Yellow 시점이 마무리되는 시기에 다시 화력을 정상적으로 되돌려 놓고 댐퍼 역시 오픈합니다.

3. 1차 크랙 시점

위 Yellow 시점에서 예가체프 코체르의 큰 특징 중 하나인 단 향을 머금게 하는 작업을 했다면, 1차 크랙 시점에서는 신 향이 정점으로 발생하는 시점으로 예가체프 코체르의 또 하나의 큰 특징인 신 향을 머금게 하는 시점입니다. 댐퍼는 1차 크랙이 정점에 달했을 때 적당히 닫아 주면서 화력은 줄여 줍니다. 마무리되는 시점에 댐퍼를 오픈하고 화력은 약한 불로 계속 유지해 주면서 안정적으로 로스팅을 진행합니다.

4. 2차 크랙 시점

예가체프 코체르 로스팅 시 2차 크랙은 존재하지 않습니다. '하이 로스팅'을 진행하는 만큼 2차 크랙이 시작되기 전인 1차 크랙 이후 원두를 배출합니다.

3.9   인도네시아

인도네시아는 로부스타 종의 커피 생산량이 많은 나라이지만 고급 아라비카 종이 생산되는 것으로도 유명합니다. 특히 수마트라 섬에서 생산되는 수마트라 만델링, 수마트라 가요마운틴 등은 인도네시아의 대표 커피들로서 독특한 향과 강렬한 맛을 지니고 있습니다. 최근 몇 년 사이에 수마트라 북부 지역에 대형 쓰나미 등 자연재해로 한 동안 힘든 시기를 거쳤지만 인도네시아 커피, 그 중에서도 고급 아라비카 종의 커피들은 전 세계 어느 커피와 견주어도 손색이 없는 커피로 분류됩니다. 본 단원에서는 'Indonesia Sumatra Mandheling G1' 커피 로스팅에 대해 알아보도록 하겠습니다.

생두명	Indonesia Sumatra Mandheling G1
수확 연도	New Crop(2019)
색상	Blue Green
Testing Note	Dark Chocolate, Full Body
Roasting Point	Full City

아시아 국가에서 생산되는 대표적인 고급 아라비카 종인 '인도네시아 수마트라 만델링 G1', 생두의 이름에서 마지막에 표기된 등급을 보시면 앞서 설명드렸던 에티오피아 커피와 표기가 같은 것을 확인하실 수 있습니다. 하지만 에티오피아 커피의 등급이 총 8단계(G1~G8)로 분류되었다면, 인도네시아의 등급은 6단계로 분류됩니다. 에티오피아 커피 등급 분류 방법과 마찬가지로 샘플 생두 300g을 준비한 뒤 결점두 수량을 확인합니다. 여기까지는 에티오피아의 등급 분류 방식과 동일하지만 인도네시아의 G1 등급의 기준은 '300g 당 발생하는 결점두 수량이 11개 이하'로 에티오피아의 기준보다는 덜 까다로운 편입니다. 만델링 커피의 가장 큰 특징 중 하나가 바로 '가공 방식'인데요, 바로 'Wet Hulling' 방식이죠. 이름도 생소한 이 가공 방식은 인도네시아의 기후와 관련이 있는데 연 평균 75~80%의 습도가 바로 그 이유입니다. 습도가 높기 때문에 가공 시간을 단축시키기 위해 수분이 마르지 않은 상태에서 파치먼트를 벗긴 뒤 태양 건조를 해 수분 함량을 11~12%까지 단 시간에 낮추는 방식입니다. 그렇기 때문에 외관상으로 진한 청록색의 색상을 띠고 있으며, 모양 자체만 보았을 때 생두가 지저분해 보이는 특징을 가지고 있습니다. 단계별 로스팅 진행 사항을 다음과 같이 간단히 정리해 보았습니다.

1. 초기 시점

풋내가 굉장히 강한 편이고 생두 조밀도 또한 단단한 편에 속하기 때문에 초기 시점에 약간 높은 온도에 생두를 투입하고 수분 날리기 작업을 충분히 해 주는 것이 좋습니다. 풋내가 강한 편이고 이물질 제거 등의 이유로 초기 시점에는 항상 댐퍼를 오픈합니다.

2. Yellow 시점

Yellow 시점에서도 계속해서 화력을 유지해 생두 내부에 충분한 열 공급을 해 주어야 합니다. 단향이 발생하는 시점에 댐퍼를 반 정도 닫았다가 신 향 발생이 시작되려고 하는 시점에 댐퍼를 오픈하여 신 향이 강하지 않은 생두 본연의 개성을 살리면서 로스팅을 진행합니다.

3. 1차 크랙 시점

초기와 Yellow 시점에서 계속해서 높은 화력으로 로스팅을 진행했기에 1차 크랙이 정점으로 진행되고 난 뒤 약간의 화력 조절을 해 생두의 내부까지 충분히 열이 공급될 시간을 주는 시점입니다. 댐퍼 조절은 크게 의미가 없다고 생각됩니다.

4. 2차 크랙 시점

1차 크랙이 끝나는 시점부터 화력 조절을 통해 생두 내부까지 충분히 열이 전달되었다면 2차 크랙이 정점에 달하기 전 화력을 최대치로 올려 주어 로스팅 마무리를 준비합니다. 만델링 특유의 강한 바디 감과 묵직한 쓴 맛의 개성을 최대한 표현하고 싶다면 2차 크랙의 정점에서 원두를 배출합니다.

연습 문제 ☕

01. 아라비카 종과 로부스타 종 모두를 재배하며 종자의 종류와 가공 방식 등 세상의 모든 커피가 다 있다고 하는 세계 최대의 커피 생산국은 어디인가?

① 베트남   ② 에티오피아   ③ 콜롬비아   ④ 브라질

02. 최상급 품질의 케냐 커피 등급은 어떻게 표기되는가?

① G1   ② AA   ③ Fine Cup   ④ S.H.B

03. 주로 중남미 국가들에서 최상급 등급으로 인정받는 생두를 일컫는 말로, '견고하고 단단한 콩'이라는 뜻의 등급을 무엇이라고 하는가?

(   )

04. 아라비카 종의 원산지로, 생산되는 대부분의 생두가 길쭉한 타원형의 모양을 띠며 커피의 맛과 개성에 있어서 뛰어나고 훌륭한 품종들이 많기로도 유명한 이 국가는 어디인가?

① 코스타리카   ② 과테말라   ③ 에티오피아   ④ 콜롬비아

05. 인도네시아 만델링의 가공 방식 중 하나로, 습도가 높은 기후 환경을 감안해서 가공 시간을 단축시키기 위해 수분이 마르지 않은 상태에서 파치먼트를 벗긴 뒤 태양 건조를 해 수분 함량을 단 시간에 낮추는 방식을 무슨 방식이라고 하는가?

(   )

▶▶ 연습 문제 해답 ◀◀

01 ④   02 ②   03 S.H.B. (Strictly Hard Bean)   04 ③   05 Wet Hulling

2.1 로스팅 단계별 특징

2.2 단계별 주요 체크 사항

2.3 원두로의 변화 과정

UNIT 01

로스팅 단계별 특징

1.1 로스터기의 종류

로스터가 본인이 추구하는 커피에 대한 로스팅을 완벽히 수행하기 위해서는 개인의 성향과 추구하고자 하는 커피의 스타일에 맞는 로스터기의 선정 역시 중요한 사항입니다. 로스터기의 종류는 크게 직화식, 반열풍식, 열풍식 등의 3가지로 분류되죠. 지금부터 각각의 특징에 대해 알아보겠습니다.

1. 직화식 로스터기

직화식은 로스터기 내부 드럼의 표면에 일정한 간격의 구멍이 뚫려 있어 드럼 내부에 들어 있는 생두에 직접적으로 불이 닿아 열이 전달되는 방식입니다. 로스팅 방식 중 커피의 개성적인 맛과 향을 가장 잘 표현할 수 있는 장점이 있지만, 이는 숙련된 로스터에 한해 조절할 수 있는 기술일 뿐 실제로 반열풍식이나 열풍식보다 로스팅을 진행하는 데에 있어 까다롭고 어려운 편입니다.

2. 반열풍식 로스터기

앞서 설명된 직화식과 뒤에 이어질 열풍식의 중간 방식입니다. 가장 대중적인 로스팅 방식으로서, 직화식 방식과 달리 내부 드럼의 표면에 구멍이 뚫려 있지 않고, 불로 드럼 표면을 직접 달구어 드럼 내부에 열을 전달하는 방식으로 장점은 드럼 내부의 열량 손실이 적고, 균일하면서도 안정적으로 로스팅을 진행할 수 있다는 것이죠. 단, 직화식 방식보다 로스팅을 시작하기 전 드럼의 예열 시간도 긴 편이고 커피의 맛과 향에 있어 개성을 표현하기에는 상대적으로 힘든 단점도 존재합니다.

3. 열풍식 로스터기

열풍식 방식은 위에서 설명한 두 방식과는 다르게 내부의 드럼 표면에 불이 직접적으로 닿지 않고, 뒤쪽에 위치한 버너로 인해 데워진 열이 드럼 내부에 전달되는 방식입니다. 장점으로는 로스팅 방식 중 가장 안정적인 방식이며 로스팅을 진행하는 데에 있어 변수를 최대한 줄일 수가 있습니다. 반대로 단점으로는 로스팅 방식들 중 로스팅을 준비하는 과정인 예열 시간이 가장 길고, 커피 맛과 향에 대한 개성 표현의 한계가 있습니다.

1.2 로스팅의 8단계

1. 라이트 로스팅(Light Roasting)

로스팅의 초기 시점으로 '수분날리기'를 진행하는 단계입니다. 커피의 맛과 향을 느끼기에는 현실적으로 불가능합니다.

2. 시나몬 로스팅(Cinnamon Roasting)

생두의 외피(Silver Skin)가 벗겨지는 시점으로 산미가 발생하는 단계입니다. 산미를 추구해야 하는 커피일 경우 이 구간에서 댐퍼 및 화력 조절을 통해 커피의 맛과 향에 좋은 영향을 줄 수 있습니다.

3. 미디엄 로스팅(Medium Roasting)

신 향이 최고조에 도달하고 쓴 맛이 발생하는 시점으로 필자 개인적인 생각에는 이 시점부터 커피로서 음용이 가능한 단계라고 생각합니다. 마일드한 커피로 즐길 수 있으며, '아메리칸 로스트(American Roast)'라고도 합니다.

4. 하이 로스팅(High Roasting)

신 향이 감소하면서 단 향이 발생하는 단계입니다. 우리가 일반적으로 알고 있는 익숙한 원두의 색상이 나타나는 시점이기도 합니다.

5. 씨티 로스팅(City Roasting)

밸런스가 잡히기 시작하는 시점이면서 커피의 맛과 향이 깊어지기 시작하는 단계입니다. '저먼 로스팅'이라고도 하며 로스팅의 표준이라고 불리는 단계입니다.

6. 풀씨티 로스팅(Full City Roasting)

신 향이 사라지기 시작하면서 쓴 맛과 원두 고유의 진한 향이 강조되기 시작하는 단계입니다. 원두의 표면에서 유분이 나오기 시작하는 시점으로 배전도가 강배전으로 분류되기 시작하는 단계입니다.

7. 프렌치 로스팅(French Roasting)

신 향은 거의 사라지고 쓴 맛과 스모크한 향이 강하게 발생하는 단계입니다. 원두 표면에 유분이 많이 묻어 있고 다크한 커피 맛을 느낄 수 있지만, 최근 들어서는 프렌치 로스팅 이상으로 로스팅을 진행하지 않는 추세입니다.

8. 이탈리안 로스팅(Italian Roasting)

로스팅의 마지막 단계로서 쓴 맛과 탄 맛이 발생하는 단계입니다. 원두 표면으로 유분이 완전 빠져나와서 유관상으로 보았을 때 원두가 반짝거릴 정도로 보이는 특징이 있습니다.

★ 본지에서 이하 앞으로 소개되는 로스팅 방식은 반열풍식 로스터기만을 기준으로 설명을 진행할 것입니다. 이유는 직화식에 비해 열 전달을 비교적 안정적이고 용이하게 진행할 수 있기 때문에 로스팅을 처음 접하는 초보자들에게 보다 편리한 방식의 로스팅 방법을 설명하기 위해서입니다.

1.3 로스터기 초기 예열 단계

불 조절을 통해 온도를 조절하는 예민한 작업인 로스팅을 시작하기 전에는 준비해야 할 부분들이 많이 있습니다. 앞서 설명했듯 좋은 재료를 준비해야 하는 과정(생두의 평가 및 핸드 픽 작업 등)도 중요하지만 좋은 재료를 잘 다룰 수 있는 환경을 만드는 것 역시 중요하다고 생각합니다. 로스팅을 진행하는 과정에서 로스터기 사용 시 생두에 일정하고 균일하게 계속해서 열을 전달할 수 있다면 안정적인 로스팅을 진행할 수가 있습니다.

즉, 로스팅을 하기 전에 초기 예열 단계는 성공적인 로스팅을 하기 위해서 꼭 거쳐야 하는 과정입니다. 이는 로스팅 방식(직화식, 반열풍식, 열풍식)과도 상관없이 공통적으로 무조건 진행해야 하는 부분입니다. 초기 예열 방법은 로스터의 성향에 따라 각자 차이가 있을 수 있는데, 필자의 경우 로스터기 내부의 드럼을 회전시키면서 드럼 팬을 틀어준 뒤 초기에는 약한 화력으로 골고루 드럼 내, 외부에 열을 전달합니다. 1차 예열, 즉 200도 이상이 넘어가는 시점에서 불을 완전히 끈 뒤 120도 정도로 온도가 내려가면 2차 예열을 시작합니다.

2차 예열은 로스팅 시 생두 투입 단계 시점과 동일한 화력으로 시작하여 온도를 다시 200도 정도로 올려 줍니다. 이 과정에 소요되는 시간은 로스팅 환경(계절, 기후 혹은 로스터기의 용량 등)에 따라 약간의 차이가 발생하지만 약 20~30분 정도의 충분한 예열 시간을 둡니다.

생두 투입 단계

로스터기가 충분히 예열되었다는 것은 생두를 로스팅할 준비가 되었다는 것입니다. 로스터기에 생두를 투입하는 시기는 로스팅 방식(직화식, 반열풍식, 열풍식)과 생두의 종자와 그에 따른 조밀도 및 생두 수확 연도 등에 따라 차이가 존재합니다. 앞서 말씀 드렸다시피 본 책에서는 반열풍 방식의 로스팅에 대한 설명만 진행할 예정이므로, 생두의 차이에 따른 각각의 생두 투입 단계의 투입 온도와 화력의 차이에 대한 설명을 진행하도록 하겠습니다. 간단한 이해를 위해 표로 정리해 보았습니다.

구 분	투 입 온 도	화 력
수확 연도	뉴 크롭 : 높음 패스트 크롭 : 보통 올드 크롭 : 낮음	뉴 크롭 : 강함 패스트 크롭 : 보통 올드 크롭 : 약함
조밀도	강한 생두 : 높음 약한 생두 : 낮음	강한 생두 : 강함 약한 생두 : 약함
생두 종자	고지대 재배종 : 높음 저지대 재배종 : 낮음	고지대 재배종 : 강함 저지대 재배종 : 약함

수분날리기 및 Yellow 단계

이제부터 본격적인 로스팅의 시작이라고 할 수 있습니다. 적절하게 세팅된 온도와 화력을 통해 1차적으로 생두의 수분 및 이물질들을 제거해 줍니다. 필자는 개인적으로 수분날리기 단계에서는 생두에 관계없이 댐퍼를 오픈하는데, 그 이유는 생두에서 발생하는 풋내와 불필요한 향들을 제거해 줌과 동시에 생두에 섞여 있는 이물질들을 제거해 주기 위해서입니다. 다음으로 Yellow 단계에서는 생두와 관계없이 댐퍼를 닫음과 동시에 화력은 약하게 조절해 줍니다. 이는 필자 개인적으로 선호하는 단 맛이 가장 활발하게 생성되는 시점이기에 단 맛을 최대한 오랫동안 원두에 머금게 하기 위한 로스팅 방법이라 할 수 있겠습니다. 단, Yellow 시점의 마무리 단계에서는 생두에 따라 신 맛의 생성 시점이 빠르게, 혹은 느리게 올 수 있어 생두마다 약간의 차이를 두곤 합니다. 수확 시기를 예를 들어 다음과 같은 표로 간단하게 정리해 보았습니다.

구분	수분 함량 (평균 함량)	진행 시간
수확 연도	뉴 크롭 : 높음 (12% 이상) 패스트 크롭 : 보통 (11~12%) 올드 크롭 : 낮음 (9% 이하)	뉴 크롭 : 오래 걸림 패스트 크롭 : 보통 올드 크롭 : 짧게 걸림

1.6 1차 크랙 단계

신 맛이 강하게 발산되기 시작하면서 원두가 1차적으로 팽창하는 단계입니다. 생두에서 원두로 변형되는 과정 중 가장 변수가 많고 로스팅하는 커피의 개성 및 특색을 다양하게 조절할 수 있는 단계이기도 합니다. 그렇기 때문에 로스터는 본인이 추구하고자 하는 커피 맛에 대해 확실한 기준을 잡아 놓은 상태에서 1차 크랙 단계를 진행해야 합니다. 크랙 현상이 일어난다는 것은 다시 말해 '조직의 균열'을 뜻하는데, 이러한 물리적인 변화를 통해 그 동안 생성된 향미가 사라지면서 새로운 향미가 생성되고 그에 따른 다양한 성분 변화들 역시 일어납니다. 수많은 생두들에 따라 생두 각각의 차이가 미세하게 존재하는데 이는 말로 표현할 수 없을 만큼 너무나도 많은 방법들이 존재하기에 특히나 1차 크랙 단계에서 로스터의 기준이 확실해야만 로스터가 추구하고자 하는 커피의 개성이 정확하게 표현될 수 있다고 생각합니다.

1.7 2차 크랙 단계

원두의 표면 뿐만 아니라 내부까지 충분히 열이 전달되는 단계로 로스팅의 마무리 단계입니다. 로스팅 포인트에 따라서 2차 크랙이 진행되기 전에 이미 로스팅을 마무리 할 수도 있고(미디엄, 하이, 씨티 로스팅) 2차 크랙이 시작되고 난 뒤에 로스팅을 마무리할 수도 있습니다.(풀씨티, 프렌치, 이탈리안 로스팅) 단, 만약에 2차 크랙 이후에 로스팅을 마무리한다면 로스터는 2차 크랙 시작 전부터 고도의 집중력을 발휘해야 합니다. 그 이유는 이미 원두의 내부까지 충분한 열이 공급된 2차 크랙이 시작됨과 동시에 로스팅의 포인트가 급속도로 다음 단계로 진행되기 때문입니다.

로스팅이 종료되고 원두가 로스터기에서 배출이 되었다고 로스팅이 완전히 마무리된 것이라 생각하면 크나 큰 오산입니다. 바로 냉각 단계가 있기 때문인데요, 이는 로스팅의 진행 과정만큼이나 중요한 과정입니다. 로스팅 직후 제대로 된 냉각(Cooling)작업을 하지 않으면 로스터가 목표로 정해놓은 로스팅 포인트보다 더 진행이 이어지게 됩니다. 이는 강배전의 로스팅, 즉 원두의 내부까지 열 전달이 충분히 공급된 커피들일수록 더욱 신경을 써야 하는 부분으로서, 예를 들어 풀씨티 로스팅 포인트로 로스팅을 진행한 뒤 냉각 작업이 제대로 이루어지지 않으면 프렌치 로스팅에 가까운 로스팅 포인트로 변형될 수 있음을 말합니다. 그만큼 로스팅 작업은 마지막까지 집중력과 판단력을 중요시하는 섬세한 작업이라 할 수 있겠습니다.

연습 문제

01. 아메리칸 로스트(American Roast)라고도 하며, 신 향이 최고조에 이르는 로스팅의 이 단계를 무엇이라고 하는가?

　① 라이트 로스팅　　② 시나몬 로스팅　　③ 하이 로스팅　　④ 미디엄 로스팅

02. 로스팅의 마지막 단계로써, 외형적인 특징으로는 반짝거려 보일 정도의 유분이 발생하고 쓴 맛을 넘어 탄 맛이 발생하는 시점의 로스팅 단계를 무엇이라 하는가?

　(　　　　　　　　　　　　　　　)

03. 로스팅 방식 중 반열풍식과 열풍식 방식에 비해 로스팅 시 생두에 열 전달에 있어 까다로운 편이며, 로스터기 내부 드럼에 구멍이 뚫려 있어 생두 표면에 직접적으로 불이 닿아 열이 전달되는 로스팅 방식을 무슨 방식이라고 하는가?

　(　　　　　　　　　　　　　　　)

04. 다음 중 강배전 로스팅(2차 크랙 이후 포인트)에 해당되지 않는 로스팅 단계는 무엇인가?

① 시나몬 로스팅　　　② 풀씨티 로스팅　　　③ 프렌치 로스팅　　　④ 이탈리안 로스팅

05. 로스팅을 마무리한 뒤 원두를 시키는 작업으로서, 진행한 로스팅 포인트보다 로스팅 포인트가 더 진행되는 것을 방지하기 위해 하는 작업을 무엇이라 하는가?

(　　　　　　　　　　　　　　　　)

▶▶ 연습 문제 해답 ◀◀

01 ④　　02 이탈리안 로스팅　　03 직화식 방식　　04 ①　　05 냉각 작업 (Cooling)

UNIT 02

단계별 주요 체크사항

2.1 화력 조절의 중요성

로스팅에 있어서 화력 조절은 열 공급의 강약을 조절을 하는 작업입니다.

이는 로스터의 로스팅 스타일, 로스팅 방식, 생두의 종자 및 상태, 주변 환경 등 수만 가지 이상의 상황들로 인해 다양한 변수들이 존재합니다. 이처럼 많은 변수 속에서도 로스터들마다 각자의 기준 이라는 것은 존재하며, 그 기준에 따라 개성 있는 커피가 만들어지는 것이라 생각합니다.

'불을 가지고 노는 일'이라는 표현이 어떻게 들릴지는 모르겠지만 화력 조절을 통해 커피의 다양한 맛과 향을 표현하고 느낄 수 있습니다. 로스팅하는 원두에서 본인이 강조하고 싶은 맛과 향이 있다 면 로스팅 단계별로 정확하게 화력 조절을 설정한 뒤 그 단계에서 발생하는 맛과 향을 극대화시키 면 됩니다.

쉽게 예를 들자면, 내가 단 맛을 강조하는 로스팅을 하고 싶다면 Yellow 시점에서 화력을 약하게 해 서 그 시점에서 머무는 시간을 늘려 오랫동안 원두에 단 맛과 단 향을 머금게 하면 되고, 마찬가지 로 신 맛을 강조하는 로스팅을 하고 싶다면 1차 크랙 시점에서 화력을 조절해서 신 맛과 신 향을 원 두에 충분히 머금게 하면 됩니다. 또 다른 예로, 강배전의 원두 로스팅 시 화력을 너무 강하게만 설 정하여 진행하게 될 경우 원두가 겉만 익어 버리고 속은 덜 익는 현상이 발생할 수 있는데 이렇게 되면 쓴 맛과 떫은 맛이 동시에 발생할 수 있습니다.이러한 실수가 발생하지 않게 하기 위해서는 2 차 크랙 시점 전부터 화력을 조절해서 원두 내부까지 충분한 열 공급을 진행해 주면 됩니다.

2.2 댐퍼의 중요성

앞서 설명 드린 화력 조절만큼이나 로스팅에 있어서 중요한 또 한 가지가 바로 댐퍼 조절의 중요성입니다. 댐퍼의 조절은 로스팅 시 생두 외 이물질 제거, 불필요한 향 제거, 수분날리기, 은피 배출 등 원두의 깔끔한 맛과 향을 추구하는 데에 도움이 되기도 하고, 반대로 강조하고 싶은 맛과 향 첨가 및 커피의 바디감 상승 등 원두의 개성을 살릴 수 있기도 합니다. 이처럼 로스팅 시 댐퍼 조절을 통해 많은 부분들을 컨트롤할 수 있는데, 로스팅의 단계별로 발생하는 특징과 댐퍼 조절의 여부에 대해 다음과 같이 간략하게 표로 정리해 보았습니다.

구분	로스팅 시 단계별 특징	댐퍼 Open / Close
수분날리기 단계	생두의 풋내, 이물질 존재, 은피 발생	Open
Yellow 단계	단 향 발생	Close
1차 크랙 단계	신 향 발생	Open : 고소한 맛, 단 맛 강조 Close : 신 맛 강조
1차 크랙 ~ 2차 크랙 단계	신 향 감소, 커피 고유의 향 발생	Open : 깔끔한 맛 강조 Close : 바디감 상승
2차 크랙 단계	커피 고유의 향 감소, 스모크 향 발생	Open

—————————————— 연습 문제 ☕ ——————————————

01. '이것'의 조절을 통해 로스팅 진행 시 단계별로 커피의 다양한 맛과 향들을 표현할 수 있는데, 열 공급의 강약 조절 시 가장 중요한 부분을 차지하는 '이것'은 무엇인가?

(   )

02. 로스팅 중 단 맛을 강조하고자 할 때 화력 조절을 통해 오래 머물러야 하는 단계는 무엇인가?

① 수분날리기 단계   ② Yellow 단계   ③ 1차 크랙 단계   ④ 2차 크랙 단계

03. 1차 크랙 이후 2차 크랙까지의 과정에서, 댐퍼를 닫을 경우 꾀할 수 있는 효과는 무엇인가?

① 단 향 강조   ② 신 향 강조

③ 바디감 상승   ④ 고소한 맛 강조

04. 1차 크랙 단계에서 댐퍼를 닫아 진행할 경우 꾀할 수 있는 효과는 무엇인가?

① 단 향 강조   ② 신 향 강조

③ 바디감 상승   ④ 고소한 맛 강조

05. 로스팅 시 '댐퍼 OPEN'으로 인해 기대할 수 있는 효과로 보기 어려운 것은 무엇인가?

① 바디감의 상승   ② 생두 외 이물질 제거   ③ 생두의 풋내 제거   ④ 은피 배출

▶▶ 연습 문제 해답 ◀◀

01 화력   02 ②   03 ③   04 ②   05 ①

UNIT 03

원두로의 변화 과정

3.1　　로스팅 과정의 물리적 변화

커피에서 로스팅이란 생두를 원두로 변화시키는 과정입니다. 이 과정을 거치면서 많은 변화가 일어나는데 다양한 물리적 변화들도 포함됩니다. 가장 대표적으로 수분 함량이 감소하는 현상이 일어나는데, 이는 불로 열을 가하는 작업이기 때문에 당연한 결과라 할 수 있겠죠.

수분 함량의 감소 외에도 로스팅 과정에서 일어나는 물리적인 변화들에는 어떤 것들이 있는지 알아보도록 하겠습니다.

1. 수분 함량의 변화

앞서 언급하였듯 수분 함량의 변화는 로스팅의 물리적인 변화 중 가장 대표적인 현상입니다. 생두의 수확 시기와 관리 상태 등의 이유에 따라 차이가 발생할 수 있지만 일반적으로 생두 상태에서의 수분 함량은 8~12%입니다. 로스팅을 진행한 뒤 원두의 수분 함량을 확인해 보게 되면 로스팅의 정도에 따라 1~5%로 줄어드는 것을 확인할 수 있습니다. 로스팅이 강배전일수록 오랫동안 열을 흡수했기 때문에 수분 함량은 더욱 감소하고, 반대로 로스팅이 약배전일수록 수분 함량은 덜 감소하게 됩니다.

2. 색상의 변화

녹색 계열의 색상을 가지고 있는 생두는 로스팅을 진행하면서 단계별로 색상이 변화합니다. 녹색 상태의 생두가 어느 정도 수분이 날아가면 노란색(Yellow 시점)을 띠다가 시간이 지날수록 점점 갈색 계열로 색상이 변하기 시작(1차 크랙 단계)한 뒤 이후에는 기름이 나오면서(2차 크랙 단계) 검은 색으로의 색상 변화가 일어납니다.

3. 맛의 변화

로스팅을 진행하면서 생두 내부의 탄수화물이 분해되면서 '휘발성 산'이 형성됩니다. 이는 신 맛을 생성하게 되는데 미디엄 로스팅의 포인트에서 가장 활발하게 생성이 된 뒤 그 이후부터 산미는 줄어들게 됩니다. 단 맛의 경우에는 '캐러멜화'가 진행되는 Yellow 시점에서 가장 활발하게 생성이 되는데, 그 이유는 이 시점에서 생두에 포함되어 있던 자당이 고온의 열에 반응하면서 나타나는 현상 때문입니다. 또 커피의 떫은 맛에 영향을 주는 '클로로겐산'은 로스팅 정도에 비례하여 감소하고, 로스팅 속도에 반비례하여 감소를 하는데 이는 쉽게 말해 너무 빨리 로스팅을 끝내면 커피에서는 떫은 맛이 강해지는 것을 의미합니다.

4. 향의 변화

로스팅의 단계별 향의 변화를 살펴보면 생두 상태에서 풋내가 발생하다가 Yellow 시점에서는 고소한 향과 단 향이 발생하고, 1차 크랙 시점에서는 신 향이 활성화되었다가 2차 크랙 시점 이후부터는 탄 향이 발생하기 시작합니다.

5. 부피의 변화

로스팅이 진행되면 수분이 증발하고 그로 인해 표면에 주름이 형성되면서 부피는 작아집니다. 그러다가 1차 크랙 시점 이후 생두는 다공질 조직으로 바뀌면서 부피가 팽창하는데 이때 생두의 초기에 비해 50~60% 가량 크기가 팽창합니다. 2차 크랙 시점 이후부터는 더욱 다공질화되어 쉽게 부서질 정도로 부피가 팽창하게 됩니다.

6. 무게의 변화

로스팅을 진행할수록 생두 상태에서 가지고 있던 수분이 줄어들면서 무게 역시 줄어듭니다. 당연히 로스팅이 강배전으로 진행될수록 무게는 점점 줄어들게 되는데 많게는 20% 이상의 무게가 줄어들기도 합니다.

3.2 로스팅 과정의 화학적 변화

로스팅을 진행하는 동안 생두에서 원두로 변하는 과정 사이에는 물리적인 변화 외에도, 수없이 많은 화학적 변화들까지 동반됩니다. 이러한 화학적 변화들은 커피의 맛과 향, 그리고 성분의 변화까지 여러 부분에 큰 영향을 끼치게 되죠. 수많은 화학적 변화 중 가장 대표적으로 어떠한 것들이 있는지 정리해 보도록 하겠습니다.

1. 탄수화물

탄수화물 중 유리당류는 원두의 색상과 향의 형성에 영향을 줍니다. 이 유리당류 중에서도 바로 설탕이라고 불리는 자당이 가장 많은데, 생두 중에서도 아라비카 종에는 6~8%, 로부스타 종에는 1~5% 정도가 포함되어 있습니다. 로스팅 후에 유리당류 성분은 거의 소멸됩니다.

2. 단백질

단백질은 원두 향의 형성에 큰 영향을 주는데, 유리아미노산은 로스팅에 의해 급속히 손실되어 당과 반응하여 멜라노이딘 및 향 성분으로 변화합니다.

3. 가용 성분

가용 성분이란 원두를 분쇄하여 뜨거운 물로 추출했을 때 나오는 성분으로 이 성분이 많으면 많을수록 커피의 맛과 향이 진해집니다. 생두의 당분, 단백질, 유기산 등이 로스팅 진행하면서 갈변 반응을 통해 가용 성분으로 변화합니다.

4. 가스 성분

로스팅시 생두 1g 당 2~5ml의 가스가 발생하는데 이 중 87% 이상이 탄산가스라고 하며 고온의 열로 인한 건열 반응에 의해 생성됩니다. 탄산가스의 절반 이상은 로스팅 과정에서 빠져나가지만 나머지는 서서히 빠져나가면서 커피의 향이 공기 중의 산소와 접촉하는 것을 막아 줍니다.

5. 휘발 성분

휘발 성분은 당분, 아미노산, 유기산 등이 로스팅 과정을 거치면서 갈변 반응을 통해 생성됩니다. 이중 50%가 알데히드이고 20%는 캐톤, 8%는 에스테르인데 휘발성 화합물의 양은 매우 적은 편이지만 그 종류는 800여 가지나 되며, 가스 방출과 함께 증발, 산화되어 상온에서 2주가 지나면서 커피의 향을 잃게 됩니다.

6. 갈변 반응

식품의 조리 혹은 가공 과정에서 갈색으로 변하는 현상을 '갈변 반응'이라고 합니다. 효소가 관여하는 '효소적 갈변 반응'과 효소가 관여하지 않는 '비효소적 갈변 반응'이 있는데 커피의 갈변 반응은 열에 의한 비효소적 갈변 반응입니다.

연습 문제 ☕

01. 이것의 감소는 로스팅의 물리적인 변화 중 가장 대표적인 현상이기도 하며, 생두 상태에서 8~12%를 가지고 있다가 로스팅 진행 후 1~5% 정도만 남게 되는 이것은 무엇인가?

① 수분 함량   ② 맛   ③ 향   ④ 가스

02. 커피의 떫은 맛에 영향을 주며, 로스팅 정도에 비례하여 감소하고 로스팅 속도에 반비례하여 감소를 하는 이 성분은 무엇인가?

(   )

03. 로스팅 시점 중 이때를 기점으로 생두가 다공질 조직으로 바뀌면서 부피가 초기 생두에 비해 50~60% 가량 팽창을 하게 되는데 이 시점은 어떤 시점인가?

① 생두 투입 시점   ② Yellow 시점   ③ 1차 크랙 시점   ④ 2차 크랙 시점

04. 원두를 분쇄하여 뜨거운 물로 추출했을 때 나오는 성분으로 이 성분이 많으면 많을수록 커피의 맛과 향이 진해지며, 생두의 당분, 단백질, 유기산 등이 로스팅을 진행하면서 갈변 반응을 통해 이 성분으로 변화하는데 이 성분을 무엇이라 하는가?

(   )

05. 식품의 조리 혹은 가공 과정에서 갈색으로 변하는 현상을 갈변 반응이라고 하는데, 효소가 관여하는 '효소적 갈변'과 효소가 관여하지 않는 '비효소적 갈변' 중 커피의 갈변 반응은 어디에 해당하는가?

(   )

▶▶ 연습 문제 해답 ◀◀

01 ①　　02 클로로겐산　　03 ③　　04 가용 성분　　05 비효소적 갈변 반응

블렌딩 (Blending)

3.1 블렌딩 커피와 단종 커피

3.2 블렌딩 기법

UNIT 01

블렌딩 커피와 단종 커피

1.1 블렌딩(Blending)의 이유와 유의 사항

1. 블렌딩을 하는 이유

커피에서 블렌딩(Blending)이란 각기 다른 2가지 이상의 커피를 혼합하여 새로운 맛과 향을 만들어내는 작업을 의미합니다. 한 가지 품종의 '단종(Straight)' 커피를 추출할 경우 품종에 따라 가지고 있는 특유의 개성이 강한 반면, 다양한 맛과 향을 느끼기에는 부족한 부분이 있는 것이 사실입니다.(9기압 정도의 강한 압력으로 추출하는 에스프레소 베이스의 커피일수록 그 커피의 개성은 더욱 뚜렷하게 나타납니다)

그렇기 때문에 '블렌딩'이란 작업을 하는 것인데, 이 작업을 하기 위해서는 블렌딩되는 원두들의 특징(적절한 로스팅 정도, 가공 방법, 수확 시기 등)과 블렌딩되었을 때의 원두들의 궁합 등 다양한 부분들을 정확히 이해하고 진행해야만 비로소 훌륭한 블렌딩 커피가 탄생할 수 있습니다. 또, 각기 다른 개성을 가진 커피들을 혼합했는데 생각지도 못 했던 맛과 향의 커피가 탄생할 수도 있는 것이 바로 블렌딩입니다.

이처럼 블렌딩이란 작업은 어렵지만 그만큼 다양한 매력과 희열을 느낄 수 있고, 로스터 개인적으로는 이 세상에 단 하나뿐인 본인만의 커피를 만드는 중요한 작업이라고 할 수 있습니다. 지금부터 끝이 없는 블렌딩의 세계로 들어가 보도록 하겠습니다.

2. 블렌딩 시 유의 사항

성공적인 블렌딩을 위해서는 로스터 개인만의 기준을 명확히 정한 뒤 그에 따른 여러 가지 조건들을 생각하면서 작업을 진행해야 합니다. 물론, 계속해서 이야기하는 부분으로 커피에 있어 기준이라는 것을 잡기란 불가능에 가깝지만 여기서 기준이란 로스터의 확고한 신념을 기반으로 한 자기

자신과의 약속을 이야기하는 것입니다. 필자가 기준이라고 정한 사항들은 다음과 같습니다.

1) 맛과 향의 기준 정하기

로스터 본인이 어느 한 블렌딩 제품을 만들었다면 그 블렌딩 커피의 맛과 향을 표현할 수 있는 기준이 필요합니다. 그 이유는, 한 가지의 블렌딩 제품이 만들어지면 계속해서 처음에 정한 기준의 맛과 향을 유지하는지를 확인해야 하기 때문입니다. 블렌딩(Blending)커피는 단종(Straight)커피와 다르게 2가지 이상의 커피가 섞여 있기 때문에 그만큼 맛에 대한 변수도 커질 수밖에 없습니다. 그렇기 때문에 맛과 향을 표현할 수 있는 기준이 정해져 있지 않으면 처음 만들었던 커피가 아닌 매번 다른 커피가 만들어질 수 있습니다.

2) 생두의 선택

질 좋은 생두를 선택하는 것은 좋은 커피를 만들기 위해서 당연한 부분입니다. 여기서 말하는 생두의 선택은 2가지 이상의 커피를 블렌딩할 시 생두의 궁합이 맞는지를 이야기하는 것입니다. 예를 들어, 맛에 대한 부분에 있어서 밸런스를 맞추기 위해 2가지 커피를 블렌딩할 때 신 맛이 강하게 나는 커피에 마찬가지로 신맛이 강하게 나는 커피를 블렌딩 할 필요는 없습니다.

또 다른 예로, 특히 '선 블렌딩, 후 로스팅(Blending Before Roasting)'시에는 블렌딩되는 생두들의 '로스팅 포인트'(단계별 로스팅의 정도와는 다른 의미로 맛과 향이 발현되는 시기 및 로스팅시 생두에서 원두로의 변화 과정, 시기 등을 이야기하는 것)가 비슷할수록 안정적인 커피 맛이 나올 가능성이 높기 때문에 생두의 수확 시기에 따른 수분 함량 및 조밀도와 생두의 가공 방식 등 블렌딩할 생두들의 특징들도 고려를 해야 합니다.('선 블렌딩, 후 로스팅', '선 로스팅, 후 블렌딩' 방식에 대한 설명은 책의 뒷부분에 자세히 기재할 것입니다.)

3) 블렌딩 비율 설정

로스터가 본인이 만들고자 하는 블렌딩 커피의 맛과 향에 대한 기준을 정했다면 그 맛과 향이 실제로 표현될 수 있도록 적절한 생두 선택 및 블렌딩 비율을 정해야 합니다. 필자의 경우 단종 커피들을 각각 로스팅한 뒤에 개별 테스팅을 거친 후 원하는 커피들을 골라 수량에 관계없이 '1:1의 비율'로 블렌딩을 진행해 봅니다. 이 방법은 '선 로스팅, 후 블렌딩(Blending After Roasting)' 방식으로 블렌딩을 하더라도 단종 커피들의 개성을 파악하기가 용이하기 때문에 동일한 생두들로 '선 블렌딩, 후 로스팅(Blending Before Roasting)' 방식으로 블렌딩을 진행할 때 중요한 참고 자료가 될 수 있습니다. 단, 이는 변수를 줄이고 어느 정도의 예측을 하기 위한 과정일 뿐이며, 블렌딩과 로스팅의 순서가 바뀌게 되면 그에 따른 변수들(단종 커피 로스팅과 블렌딩 커피 로스팅 시 포인트의 차이 등)이 존재하기 때문에 '선 로스팅, 후 블렌딩' 방식으로 비율을 정하더라도 '선 블렌딩, 후 로스팅' 방식으로 로스팅을 진행할 때와는 비율의 차이가 발생할 수밖에 없기 때문에 이러한 부분들 역시 계속해서 연구하고 테스팅을 거쳐서 알맞은 블렌딩 비율을 찾아야 합니다.

4) 로스팅 포인트 설정

성공적인 블렌딩을 완성하기 위한 조건 중에는 위에 설명된 바와 같이 블렌딩에 적합한 '로스팅 포인트'의 설정 역시 중요합니다. 위 내용과 이어지는 부분으로 블렌딩 방식이 '선 블렌딩, 후 로스팅(Blending Before Roasting)'일 경우, 로스팅 전에 생두를 먼저 섞기 때문에 생두들이 로스팅을 진행하면서 본래 단종이었을 때와는 다른 포인트에 변화 과정이 일어날 수가 있습니다. 이는 수분날리기, Yellow 시점, 1차 크랙, 2차 크랙, 배출 후 냉각 등 로스팅 시 생두에서 원두로 변화하는 모든 과정에 해당됩니다. 또 서로 다른 로스팅 포인트를 가진 커피들이 블렌딩되었을 경우에는 블렌딩된 커피들끼리의 포인트에 대한 적절한 합의점이 필요합니다. 예를 들어, 브라질의 적절한 로스팅 정도는 씨티 로스팅이고, 케냐의 적절한 로스팅 정도가 풀씨티 로스팅인데 두 가지 커피를 블렌딩했을 경우 '씨티-풀씨티 로스팅'으로 블렌딩 커피의 로스팅 포인트를 잡는 것입니다. 이러한 디테일한 합의점을 찾기 위해서는 끊임없는 노력과 수많은 연구를 통해 로스터 본인만의 노하우를 만들어 내야 합니다.

1.2 블렌딩 커피와 단종 커피의 특징과 차이점

사람들마다 개개인이 선호하는 커피는 천차만별입니다. 오늘날에는 본인의 기호에 맞는 커피를 찾아 여행까지 다니는 사람들도 주변에서 쉽게 볼 수 있을 만큼 다양한 커피들을 접할 수 있게 되었습니다. 어떤 이는 신 맛이 나는 커피를, 또 어떤 이는 묵직한 바디감이 있는 커피를 좋아하듯 커피는 개개인의 기호에 따라 같은 커피라 해도 최고의 커피가, 혹은 입에 맞지 않는 먹기 싫은 커피가 될 수도 있는 것이죠.

특히 단종(Straight) 커피는 개성이 뚜렷해 개개인의 기호에 따라 호불호가 심하게 나누어지는 편인데, 이러한 점을 보완해서 대중적으로 호불호가 덜 나뉠 수 있게 다양한 맛과 향을 갖추고 있는 것이 바로 블렌딩(Blendig) 커피라고 생각합니다. 블렌딩 커피와 단종 커피의 차이점은 다음과 같이 표로 간략하게 정리할 수 있습니다.

구분	블렌딩 커피	단종 커피
설명	두 가지 이상의 커피가 혼합되어 새로운 맛과 향이 만들어지는 커피	한 가지의 커피 종으로 그 커피가 가지고 있는 본연의 맛과 향 등의 개성이 뚜렷한 커피
장점	– 다양한 맛과 향 발생 – 밸런스가 좋음 – 생두 선택에 따른 원가 절감 (베이스로 사용되는 커피가 저렴할 경우)	– 커피 품종 고유의 맛과 향 발생 – 개성이 뚜렷해 특별한 커피를 경험 – 로스팅 및 커피 추출 시 상대적으로 변수가 적음 (실패 확률이 낮음)
단점	– 커피가 특별한 개성이 없고 무난하다고 느낄 수 있음. – 로스팅 및 커피 추출 시 상대적으로 변수가 많이 발생 (실패 확률이 높음)	– 개개인의 기호에 따라 호불호가 크게 나누어질 수 있음 – 고급 원두 사용 시 원가적인 부분이 상대적으로 높아질 수 있음

연습 문제

01. 각기 다른 두 가지 이상의 커피를 혼합하여 새로운 맛과 향을 만들어내는 작업을 무엇이라고 하는가?

(   )

02. 한 가지의 커피 종으로 그 커피가 가지고 있는 본연의 맛과 향 등의 개성이 뚜렷한 커피를 무엇이라고 하는가?

(   )

03. 블렌딩 시 유의 사항 중 잘못된 점은 무엇인가?

① 맛과 향의 기준을 먼저 정한다.

② 블렌딩에 적절한 생두를 선정한다.

③ 로스팅 정도는 베이스 생두 기준으로 맞춘다.

④ 블렌딩 비율을 설정한다.

04. 다음 중 블렌딩 커피의 장점이 아닌 것은?

① 다양한 맛과 향이 발생한다.

② 밸런스가 좋다.

③ 생두 선택에 따라 원가를 절감할 수 있다.

④ 맛과 향의 개성이 뚜렷하다.

05. 다음 중 단종 커피의 장점이 아닌 것은?

① 대중적인 맛과 향을 가지고 있어 호불호가 없는 편이다.

② 커피 품종 고유의 맛과 향이 발생한다.

③ 개성이 뚜렷해 특별한 커피를 경험할 수 하다.

④ 로스팅 및 커피 추출 시 상대적으로 변수가 적은 편이다.

▶▶ 연습 문제 해답 ◀◀

01 블렌딩(Blending) 커피   02 단종(Straight) 커피   03 ③   04 ④   05 ①

블렌딩 기법

2.1 *선 블렌딩, 후 로스팅 (Blending before Roasting)*

로스터가 블렌딩 시 사용할 생두들을 비율에 맞추어 먼저 섞은 뒤 다 같이 한번에 로스팅을 진행하는 방식으로 '혼합 블렌딩'이라고도 불리는 방식입니다. 지금부터 혼합 블렌딩 방식의 장, 단점에 대해 알아보도록 하겠습니다.

1. 장점

❶ 로스팅의 작업 시간을 단축시킬 수 있어 효율적인 편입니다.

❷ 맛과 향의 밸런스가 좋은 편입니다.

❸ 단종 커피를 개별로 로스팅했을 때 느끼지 못했던 새로운 맛과 향을 발견할 수 있습니다.

❹ 재고 관리에 있어서 용이합니다.

2. 단점

❶ 로스팅 시 블렌딩된 단종 커피별로 변수가 발생할 확률이 높습니다.

❷ 맛과 향에 있어서 특별한 개성이 없다고 느껴질 수 있습니다.

❸ 처음에 기준을 잡을 때 많은 시간이 걸릴 수 있습니다.(생두 선택, 생두 비율 맞추기 등)

❹ 블렌딩된 생두들 중 한 가지의 생두 상태만 나빠지더라도 커피 전체의 맛과 향에 영향을 끼칠 수 있습니다.

2.2 선 로스팅, 후 블렌딩 (Blending after Roasting)

단종 커피들을 각기 개별로 먼저 로스팅을 진행한 뒤 로스팅된 원두들을 블렌딩하는 방식으로 '단종 블렌딩'이라고 불리는 방식입니다. 지금부터 혼합 블렌딩 방식의 장, 단점에 대해 알아보도록 하겠습니다.

1. 장점

❶ 단종 커피별로 적절한 로스팅 정도의 최적의 로스팅을 진행할 수 있습니다.

❷ 블렌딩 커피지만 맛과 향에 있어 블렌딩된 단종 커피들 각각의 개성들까지 느낄 수 있습니다.

❸ 로스팅 작업 시 변수가 발생할 확률이 낮습니다.

❹ 블렌딩된 원두들 중 어느 한 가지 원두의 상태가 좋지 않다면 그 원두를 제외시키고 비슷한 맛과 향을 가지고 있는 원두로 대체하는 방법을 시도하는 등 변수 발생에 따른 대처 방법이 다양한 편입니다.

2. 단점

❶ 로스팅 시 작업 시간이 오래 걸리는 편입니다.

❷ 맛과 향이 항상 균일하게 유지되기가 힘든 편입니다.

❸ 개성이 강하기 때문에 커피 추출 시 약간의 차이에도 맛과 향에 있어서 큰 편차가 발생했다고 느낄 수 있습니다.

❹ 재고 관리가 힘든 편입니다.

01. '선 블렌딩, 후 로스팅(Blending Before Roasting)'이라고도 하며, 로스터가 블렌딩 시 사용할 생두들을 비율에 맞추어 먼저 섞은 뒤 다 같이 한번에 로스팅을 진행하는 방식을 무엇이라고 하는가?

(   )

02. 다음 중 '선 블렌딩, 후 로스팅(Blending Before Roasting)'의 장점이 아닌 것은?

① 로스팅의 작업 시간을 단축시킬 수 있어 효율적인 편이다.

② 맛과 향의 밸런스가 좋은 편이다.

③ 단종 커피를 개별로 로스팅했을 때 느끼지 못했던 새로운 맛과 향을 발견할 수 있다.

④ 단종 커피별로 적절한 로스팅 정도의 최적의 로스팅을 진행할 수 있다.

03. '선 로스팅, 후 블렌딩(Blending After Roasting)'이라고도 하며, 단종 커피들을 각기 개별로 먼저 로스팅을 진행한 뒤 로스팅된 원두들을 블렌딩하는 방식을 무엇이라고 하는가?

(   )

04. 다음 중 '선 로스팅, 후 블렌딩(Blending After Roasting)'의 장점이 아닌 것은?

① 단종 커피별로 적절한 로스팅 정도의 최적의 로스팅을 진행할 수 있다.

② 재고 관리에 있어서 용이하다.

③ 블렌딩 커피지만 맛과 향에 있어 블렌딩된 단종 커피들 각각의 개성들까지 느낄 수 있다.

④ 로스팅 작업 시 변수가 발생할 확률이 낮다.

05. 다음 중 '선 로스팅, 후 블렌딩(Blending After Roasting)'의 단점이라고 보기 어려운 것은 무엇인가?

① 로스팅 시 작업 시간이 오래 걸리는 편이다.

② 맛과 향이 항상 균일하게 유지되기 힘든 편이다.

③ 맛과 향에 있어서 특별한 개성이 없다고 느껴질 수 있다.

④ 개성이 강하기 때문에 커피 추출 시 약간의 차이에도 맛과 향에 있어서 큰 편차가 발생했다고 느낄 수 있다.

▶▶ 연습 문제 해답 ◀◀

01 혼합 블렌딩   02 ④   03 단종 블렌딩   04 ②   05 ③

– 모의고사 1회

– 모의고사 2회

– 모의고사 3회

– 모의고사 4회

로스팅마스터 자격 검정 필기 모의고사 [1회]

Certificate for Roasting Course   [1]

---

01. 다음 중 아라비카 종이 아닌 품종은 무엇인가?

    ① 카투라 종　　　　② 몬도노보 종　　　　③ 버본 종　　　　④ 코닐론 종

02. 열대 지역에 널리 분포되어 재배되고 있으며 재배하는 지역의 자연 환경에 따라 각기 다른 다양하면서도 독특한 커피 맛과 향을 지니고 있는 것이 가장 큰 특징이며, 원산지가 에티오피아인 생두의 종을 무엇이라고 하는가?

    (　　　　　　　　　　　　　　)

03. 로부스타 종 중 전 세계에서 최고로 품질이 좋은 'S 274 시리즈' 로부스타로 인도에서 생산되는 이 커피의 이름은 무엇인가?

    (　　　　　　　　　　　　　　)

04. 수확 시기가 채 되지 않은 안 익은 열매에서 수확한 생두로, 표면이 주름져 있고 정상적인 생두보다 밝은 녹색 혹은 엷은 노란색을 띠는 것이 특징인 이 결점두의 이름은 무엇인가?

    ① Sour Bean　　　　② Immature Bean　　　　③ Broken Bean　　　　④ Shell Bean

05. '올해 수확된 신선한 콩'이라는 뜻으로, 색상은 청록색이나 녹색 등을 띠는 생두를 무엇이라고 하는가?

    ① 뉴 크롭(New Crop)　　　　② 패스트 크롭(Past Crop)

    ③ 올드 크롭(Old Crop)　　　　④ 그린 빈(Green Bean)

06. 다음 사진과 같이 표면의 전체 혹은 일부분이 검은색을 띠고 있는 결점두를 무엇이라고 부르는가?

① Sour Bean   ② Black Bean   ③ Broken Bean   ④ Shell Bean

07. Shell Bean에서 분리된 생두 조각이기도 하며 깨진 생두들로서, 건조, 탈곡, 선별 과정 등 여러 가지 작업 시 잘못된 작업으로 인해 발생하게 된 결점두를 무엇이라고 하는가?

　〔　　　　　　　　　　　　　　　　　〕

08. 생두의 외형을 직접 확인할 수 있는 외적인 평가로, 생두의 색상과 크기, 균일성, 결손율 등에 대한 평가를 생두의 무슨 평가라고 하는가?

　① 시각적인 평가   ② 후각적인 평가   ③ 촉각적인 평가   ④ 미각적인 평가

09. 자연 건조 가공 방식으로, 이 과정을 거친 생두는 옅은 녹색이나 노란색 등의 색상을 띠는 것이 특징인 이 가공 방식을 무엇이라고 하는가?

　① 허니 프로세스(Honey Process)

　② 내추럴 프로세스(Natural Process)

　③ 워시드 프로세스(Washed Process)

　④ 세미 워시드 프로세스(Semi Washed Process)

10. 생두의 크기를 표현할 때 '스크린 사이즈(Screen Size)'라는 표현을 사용하는데, 1 Screen Size는 약 몇 mm인가?

( )

11. 생두의 평가 중 촉각적인 평가 시 고려할 사항으로 보기 어려운 것은 무엇인가?

① 생두의 가공 방식　② 생두의 수분 함량　③ 생두의 종자　④ 생두의 결점두

12. 생두의 등급을 'NO.2～NO.6'로 표기해서 분류하고, 아라비카 종과 로부스타 종을 모두 생산하는 등 세계 최대의 커피 생산국은 어느 나라인가?

( )

13. 전 세계적으로도 인정받는 고급 커피를 생산하며, 생산하는 커피 중 최상급의 등급을 'AA 등급'으로 표기하는 국가는 어느 나라인가?

① 에티오피아　　② 케냐　　　　③ 브라질　　　　④ 베트남

14. 법적으로 로부스타 종 재배를 금지하고 아라비카 종만 생산할 정도로 커피 품질 관리에 있어서 철저하게 신경을 쓰는 국가로, '단단하고 견고한 콩'이라는 뜻의 'S.H.B' 등급을 최상급의 생두 등급으로 표기하며, 특히 '따라주'라는 커피가 대표적으로 생산되는 국가는 어느 나라인가?

( )

15. 마일드 커피의 대명사로 불리는 콜롬비아 커피는 생두의 크기에 따라 등급을 분류하기도 하는데 Screen Size 17～18 이상의 콩 크기를가진 큰 생두들의 등급을 무엇이라고 표기하는가?

( )

16. 직화식과 열풍식의 중간 정도인 로스팅 방식으로, 가장 대중적인 로스팅 방식이기도 하며 로스터기 내부 드럼의 표면에 구멍이 뚫려 있지 않고, 불로 드럼 표면을 직접적으로 달구어 드럼 내부에 열을 전달하는 방식을 무슨 방식이라고 하는가?

( )

17. 로스팅의 초기 시점으로 '수분날리기'를 진행하는 단계로서, 다음 사진과 같은 로스팅 단계를 무엇이라고 하는가?

① 미디엄 로스팅　　② 시나몬 로스팅　　③ 라이트 로스팅　　④ 풀씨티 로스팅

18. 신 향이 최고조에 달하고 쓴 맛이 발생하는 시점으로, '아메리칸 로스트(American Roast)'라고도 하는 로스팅 단계는?

① 미디엄 로스팅　　② 시나몬 로스팅　　③ 하이 로스팅　　④ 풀씨티 로스팅

19. 로스팅의 마지막 단계로서 쓴 맛과 탄 맛이 발생하는 단계로, 원두 표면으로 유분이 완전히 빠져 나와 육안으로 보았을 때 원두가 반짝거릴 정도로 보이는 특징을 가진 로스팅 단계는?

① 풀씨티 로스팅　　② 프렌치 로스팅　　③ 하이 로스팅　　④ 이탈리안 로스팅

20. 로스팅 과정 중 신 맛이 강하게 발산되기 시작하는 시점으로, 원두가 1차적으로 팽창을 해서 조직의 균열을 일으키는 과정을 무엇이라고 하는가?

(　　　　　　　　　　　　　　　)

21. 단 맛과 향이 최고조로 생성되는 시점으로, 그 마무리 단계에서는 신 맛과 향 역시 생성되기도

하는 이 시점을 무엇이라고 하는가?

① 1차 크랙 시점　　　② 수분날리기 시점

③ Yellow 시점　　　④ 2차 크랙 시점

22. 다음 중 댐퍼의 기능에 해당되지 않는 것은 무엇인가?

① 이물질 제거　　　② 불필요한 향 제거

③ 냉각 기능　　　④ 커피의 바디감 조절

23. 다음 중 로스팅 과정에서 나타나는 물리적인 변화가 아닌 것은?

① 수분 함량의 변화　　　② 부피의 변화

③ 무게의 변화　　　④ 건열 반응

24. 로스팅 시 생두 1g 당 2~5ml의 가스가 발생하는데, 이 중 87% 이상을 차지하며 고온의 열로 인한 건열 반응에 의해 생성이 되는 것은 무엇인가?

〔　　　　　　　　　　　　　　〕

25. 커피 블렌딩을 하는 이유로 적절하지 않은 것은 무엇인가?

① 단종 커피에서 느끼기 힘든 커피의 다양한 맛과 향을 느끼기 위해서

② 맛과 향의 개성보다는 밸런스에 초점을 둔 커피를 만들기 위해서

③ 개성이 뚜렷한 커피를 만들기 위해서

④ 블렌딩 커피의 베이스로 사용되는 커피를 상대적으로 저렴한 커피를 사용하여 원가를 절감 시키기 위해서

로스팅마스터 자격 검정 필기 모의고사 [2회]

Certificate for Roasting Course　[2]

01. 커피 나무의 열매는 익을수록 그 색상이 빨갛게 변하는데, 이러한 현상으로 인해 커피 열매를 무엇이라고 하는가?

　(　　　　　　　　　　　　　　　　)

02. 다음 중 로부스타 종의 특징이 아닌 것은?

① 모양이 둥글고 작은 편이다.

② 원산지는 에티오피아이다.

③ 아라비카에 비해 저지대에서 재배된다.

④ 병충해에 강하다.

03. 일명 '조개두'라고도 불리며 생두의 가운데가 텅 비어 있는 모양의 결점두의 종류를 무엇이라고 하는가?

① Insect Damaged Bean

② Immature Bean

③ Shell Bean

④ Pods

04. 타이피카 종에 가까운 우량종이고 돌연변이로 생긴 종들 중 가장 오래된 종으로서, 모양이 둥글고 작으며 '센터컷'이 S자를 그리고 있는 것이 특징인 생두는 어떤 종인가?

① 카투라 종　　　　② 몬도노보 종

③ 버본 종　　　　　④ 코닐론 종

05. 다음 사진과 같이 수확 시기를 놓쳐서 너무 늦은 수확, 또는 커피 체리가 땅에 떨어져 흙과의 오랜 접촉 등의 이유로 생두가 발효되어 발생한 결점두를 무엇이라고 하는가?

   ① Sour Bean   ② Immature Bean   ③ Shell Bean   ④ Pods

06. 수확한 지 2년이 넘은 생두로, 옅은 노란색의 색상을 띠고 있으며 매콤한 향이 발생하는 생두를 무엇이라고 하는가?

   (   )

07. 생두의 크기를 표현할 때 '스크린 사이즈(Screen Size)'라고 하는데, 이 스크린 사이즈를 측정하는 기구를 무엇이라고 하는가?

   (   )

08. 결점두 발생률에 대한 평가표를 무엇이라고 하는가?

   (   )

09. 다음 중 생두의 촉각적인 평가에 해당되지 않는 사항은 무엇인가?

   ① 생두의 가공 방식에 의한 차이   ② 생두의 재배 지대에 의한 차이

③ 생두의 수분 함량에 의한 차이   ④ 생두의 크기에 의한 차이

10. 케냐 커피와 혼동할 수 있을 정도로 생두 외관상의 모양뿐 아니라 로스팅 후 원두 맛 또한 비슷하다는 느낌을 주며, 등급의 표기 또한 'AA' 등의 표기를 사용하는 국가는 어느 국가인가?

① 브라질   ② 에티오피아   ③ 콜롬비아   ④ 탄자니아

11. 화산 지대가 많아 스모크한 커피의 대명사라고 불리우며, 'S.H.B' 등급을 최상급의 생두 등급으로 표기하고 있고 '안티구아' 커피로 유명한 국가는 어느 나라인가?

(   )

12. 아라비카 종의 원산지이며, 대부분의 생두가 길쭉한 타원형의 모양을 띠고 있고 커피 맛과 개성에 있어서 뛰어나며 훌륭한 품종들이 많기로도 유명한 국가는 어느 나라인가?

① 인도네시아   ② 에티오피아   ③ 콜롬비아   ④ 인도

13. 로스터기 내부 드럼의 표면에 일정한 간격의 구멍이 뚫려 있어 드럼 내부에 들어 있는 생두에 직접적으로 불이 닿아 열이 전달되는 로스팅 방식을 무엇이라고 하는가?

(   )

14. 다음 사진과 같이 생두 외피(Silver Skin)가 벗겨지는 시점의 로스팅 단계를 무엇이라 하는가?

① 시나몬 로스팅   ② 라이트 로스팅   ③ 하이 로스팅   ④ 미디엄 로스팅

15. 로스팅 방식과 상관없이 로스팅 시작 전에 무조건 진행해야 하는 부분으로, 성공적인 로스팅을 하기 위해서 꼭 거쳐야 하는 단계는 무엇인가?

① 생두 투입 단계   ② 수분날리기 단계

③ 2차 크랙 단계   ④ 초기 예열 단계

16. 로스팅을 마무리한 뒤 원두를 식히는 작업으로, 진행한 것 이상의 로스팅 포인트가 더 진행되는 것을 방지하기 위해 하는 작업을 무엇이라 하는가?

① 냉각 작업   ② 수분날리기 작업

③ 핸드 픽 작업   ④ 예열 작업

17. 일반적으로 신선한 뉴 크롭(New Crop) 생두에 포함되어 있는 수분 함유량으로 알맞은 비율은 어느 정도인가?

① 0~4 %   ② 4~8%   ③ 9% 이하   ④ 12% 이상

18. 다음 중 로스팅 과정에서 나타나는 물리적인 변화로 보기 어려운 것은 무엇인가?

① 색상의 변화   ② 성분의 변화

③ 무게의 변화   ④ 부피의 변화

19. 탄수화물에 포함되어 있으며 원두의 색상과 향의 형성에 영향을 주고, 로스팅 후에는 거의 소멸되는 이것은 무엇인가?

① 유리당   ② 멜라노이딘

③ 알데히드   ④ 에스테르

20. 이 성분은 당분, 아미노산, 유기산 등이 로스팅 과정을 거치면서 갈변 반응을 통해 생성이 되며, 50%가 알데히드, 20%가 캐톤, 8%가 에스테르로 형성이 되어 있는데 이 성분을

무엇이라고 하는가?

① 탄수화물   ② 휘발 성분

③ 단백질   ④ 가용 성분

21. 식품의 조리 혹은 가공 과정에서 갈색으로 변하는 현상을 무엇이라고 하는가?

① 크랙 현상   ② 건열 반응

③ 갈변 반응   ④ 가수 분해

22. 각기 다른 두 가지 이상의 커피를 혼합하여 새로운 맛과 향을 만들어내는 작업을 무엇이라고 하는가?

① 로스팅   ② 핸드 픽

③ 블렌딩   ④ 냉각 작업

23. 블렌딩 작업 시 블렌딩되는 생두들에 대한 필수 고려 사항이 아닌 것은 무엇인가?

① 생두의 적절한 로스팅 정도

② 생두의 가공 방법

③ 생두의 수확시기

④ 생두의 등급

24. 다음 중 커피 블렌딩 시 유의해야 할 사항으로 보기 어려운 것은 무엇인가?

① 커피 맛의 기준 설정

② 커피 향의 기준 설정

③ 로스팅 시간 설정

④ 블렌딩 비율 설정

25. 다음 중 선 로스팅, 후 블렌딩(Blending After Roasting)의 단점이라고 보기 어려운 것은

무엇인가?

① 로스팅 시 블렌딩된 단종 커피별로 변수가 발생할 확률이 높습니다.

② 맛과 향이 항상 균일하게 유지되기가 힘든 편입니다.

③ 로스팅 시 작업 시간이 오래 걸리는 편입니다.

④ 개성이 강하기 때문에 커피 추출 시 약간의 차이에도 맛과 향에 있어서 큰 편차가 발생했다고 느낄 수 있습니다.

로스팅마스터 자격 검정 필기 모의고사 [3회]

Certificate for Roasting Course　[3]

01. 커피 열매를 '커피 체리'라고 부르며, 이 커피 체리 안에는 일반적으로 두 개의 씨앗이 들어 있는데 이를 무엇이라고 하는가?

　　　(　　　　　　　　　　　　　　　　　　)

02. 아라비카 종 가운데 가장 아라비카 종 본연의 특징을 가지고 있는 품종으로, 재배 조건 자체가 매우 까다롭고 자연 재해에도 취약해 생산성이 낮아 그만큼의 희소적인 가치가 있는 품종은 어떤 것인가?

　　① 타이피카 종　　　② 카투라 종　　　　③ 몬도노보 종　　　④ 켄트 종

03. 버본 종의 돌연변이 변종으로, 모양은 둥글고 작은 편이지만 녹병 등 자연 재해에 강한 특징을 가지고 있으며 특히 생산량이 많다는 장점이 있는 아라비카 종은 무엇인가?

　　① 타이피카 종　　　② 카투라 종　　　　③ 몬도노보 종　　　④ 켄트 종

04. 아프리카 콩고가 원산지로, 비교적 낮은 고도(해발 800m 이하)에서 재배가 가능할 뿐만 아니라 병충해에 강하고 고온 다습한 지역에서도 적응할 수 있는 강인한 생명력을 가지고 있는 커피 종은 무엇인가?

　　　(　　　　　　　　　　　　　　　　　　)

05. 로부스타 종 중 전세계에서 최고로 품질이 좋은 로부스타로 인정받고 있으며, 최근 들어 블렌딩 커피뿐만 아니라 브루잉 커피 시 싱글 오리진 원두로도 인기를 얻고 있는 인도에서 생산되는 이 커피의 이름은 무엇인가?

　　① 카피 로얄　　　② 안티구아　　　　③ 예가체프　　　④수마트라 만델링

06. 생두의 표면에 작은 구멍이 있고 구멍 주변이 진한 초록색일 띠고 있으며, '벌레 먹은

콩'이라고도 불리는 이 결점두의 이름은 무엇인가?

(   )

07. 다음 사진과 같이 잘못된 펄핑 과정이나 탈곡 과정에서의 문제로 발생하는 결점두를 무엇이라 하는가?

① Insect Damaged Bean   ② Immature Bean

③ Black Bean   ④ Dried Cherry

08. 생두 평가 중 시각적인 평가 시 고려해야 할 사항과 거리가 먼 것은 무엇인가??

① 생두의 색상   ② 생두의 균일성   ③ 생두의 크기   ④ 생두의 수분 함량

09. 다음 브라질 생두 등급 중 존재하지 않는 등급은 어떤 등급인가?

① NO.1   ② NO.2   ③ NO.3   ④ NO.4

10. 다음 중 에티오피아의 생두 등급 표기는 무엇인가?

① NO.2   ② S.H.B   ③ G1   ④ AA

11. 코스타리카와 과테말라 등의 국가에서는 '이것'을 기준으로 생두의 등급을 나누는데, 생두의 단단한 정도를 뜻하는 이것을 무엇이라 하는가?

(   )

12. '단단하고 견고한 콩'이라는 뜻으로 대부분의 중남미 국가들의 생두 등급 표기 시 사용되는 표기법은 무엇인가?

① NO.2   ② S.H.B   ③ Grade   ④ AB

13. 로부스타 종의 재배를 불법으로 지정할 정도로 국가적으로 품질에 대한 관리가 엄격한 것으로 유명하며 생두의 크기에 따라 등급을 분류해서 Screen Size 17~18 이상의 콩 크기가 큰 생두 들의 등급을 '수프리모(Supremo)'라고 표기하는 국가는 어느 나라인가?

① 인도   ② 브라질   ③ 과테말라   ④ 콜롬비아

14. 대부분 길쭉한 타원형의 모양을 띠고 있는 아라비카 종의 원산지인 국가는 어느 나라인가?

① 에티오피아   ② 케냐   ③ 브라질   ④ 베트남

15. 습도가 높은 지역에서 기후 환경을 감안하여 가공 시간을 단축시키기 위해서 수분이 마르지 않은 상태로 파치먼트를 벗긴 뒤 태양 건조를 통해 수분 함량을 단시간에 낮추는 가공 방식을 무슨 방식이라고 하는가?

(   )

16. 내부의 드럼 표면에 불이 직접적으로 닿지 않고, 뒤쪽에 위치한 버너로 인해 데워진 열이 드럼 내부로 전달되는 방식의 로스터기를 무엇이라고 하는가?

(   )

17. 신 향이 최고조에 도달하고 쓴맛이 발생하는 시점으로, 추출 시 마일드한 커피로 즐길 수 있는 로스팅 단계는 무엇인가?

(   )

18. 다음 그림과 같이 일반적으로 알고 있는 익숙한 원두의 색상이 나타나는 시점이며, 신 향이 감소하면서 단 향이 발생하는 로스팅 단계는 무엇인가?

① 시나몬 로스팅　　② 라이트 로스팅　　③ 하이 로스팅　　④ 미디엄 로스팅

19. 다음 사진과 같이 원두 표면에 다량의 유분이 묻어 있으며, 신 향은 거의 사라지고 쓴 맛과 스모크한 향이 강하게 발생하는 로스팅 단계는?

① 씨티 로스팅　　② 풀씨티 로스팅　　③ 이탈리안 로스팅　④ 프렌치 로스팅

20. 커피의 전체적인 밸런스가 잡히기 시작하는 시점으로, 커피의 맛과 향이 깊어지기 시작하는 단계이기도 하며 '저먼 로스팅'이라고도 불리는 로스팅 단계는?

① 이탈리안 로스팅　　　　② 라이트 로스팅

③ 하이 로스팅　　　　　　④ 씨티 로스팅

21. 다음 중 생두 투입 시기를 결정할 때 고려할 사항과 거리가 먼 것은 무엇인가?

① 로스팅의 방식　　　　　② 생두의 가격

③ 생두의 수확 연도　　　　④ 생두의 조밀도

22. '이것'을 조절함으로써 로스팅 시 생두 외에 이물질 제거, 불필요한 향 제거, 수분날리기, 은피 배출 등 원두의 깔끔한 맛과 향을 추구하는 데 도움이 되기도 하고, 반대로 강조하고 싶은 맛과 향 첨가 및 커피의 바디감 상승 등 원두의 개성을 살릴 수도 있는데, '이것'은 무엇인가?

(　　　　　　　　　　　　　)

23. 로스팅의 물리적인 변화 중 가장 대표적인 현상이기도 하며, 생두 상태에서 8~12%를 가지고 있다가 로스팅 진행 후 1~5% 정도만 남아 있는 것을 무엇이라고 하는가?

(　　　　　　　　　　　　　)

24. 식품의 조리 혹은 가공 과정에서 갈색으로 변하는 현상을 갈변 반응이라고 하는데, 효소가 관여하는 '효소적 갈변 반응'과 효소가 관여하지 않는 '비효소적 갈변 반응' 중 커피의 갈변 반응은 어디에 해당하는가?

(　　　　　　　　　　　　　)

25. 품종에 따라 가지고 있는 특유의 개성이 강한 반면, 다양한 맛과 향을 느끼기에는 부족한 부분이 있는 커피로, 한 가지 품종의 커피를 가리키는 말은 무엇인가?

(　　　　　　　　　　　　　)

로스팅마스터 자격 검정 필기 모의고사 [4회]

Certificate for Roasting Course [4]

---

01. 버본 종과 수마트라 종의 자연 교배종으로 1950년대부터 브라질에서 재배하기 시작하였고, 환경 적응이 뛰어나고 병충해에 강하면서 생산량도 많은 편이라 현재 카투라, 카투아이와 함께 브라질의 주력 상품이기도 한 이 품종은 무엇인가?

(   )

02. 생산량이 많은 몬도노보 종과 나무의 높이가 낮은 카투라 종의 교배 품종으로 생산량이 많고 나무의 높이가 낮은 특징이 있고, 특히 중미에서 주력으로 재배되는 아리비카 종은 무엇인가?

① 타이피카 종   ② 카투라 종   ③ 몬도노보 종   ④ 카투아이 종

03. 생두에 포함되어 있는 결점두를 골라내는 작업을 무엇이라고 하는가?

(   )

04. 그림과 같이 생두 표면이 주름져 있고 정상적인 생두보다 밝은 계열의 색상을 띠는 것이 특징으로, 수확 시기가 안 된 익지 않은 열매에서 미성숙 상태로 수확된 결점두는 무엇인가?

(   )

05. 다음 그림과 같이 생두의 가운데가 텅 비어 있는 모양의 결점두를 무엇이라고 하는가?

(   )

06. 수확한 지 1년이 지난 생두로 색상은 주로 옅은 녹색을 띠고 있는 생두를 무엇이라고 하는가?

(   )

07. 수세식 가공 방식으로, 이를 거친 생두는 '진한 녹색', '청록색' 등의 색상을 띠는 것이 특징인데 이 가공 방식을 무엇이라고 하는가?

(   )

08. 생두의 사이즈를 표현하는 단어를 무엇이라고 하는가?

① Screener   ② Screen Size   ③ Grade   ④ Green Bean

09. 커피 맛에 안 좋은 영향을 끼치는 생두들로 '썩은 콩, 깨진 콩, 미성숙 생두' 등을 일컬어 무엇이라고 하는가?

(   )

10. 생두의 평가 중 촉각적인 평가 시 고려할 사항으로 보기 어려운 것은 무엇인가?

① 생두의 가공 방식　　　　② 생두의 수분 함량

③ 생두의 종자　　　　　　④ 생두의 결점두

11. 화산 지대가 많아 스모크한 커피의 대명사라고 불리우며, S.H.B 등급을 최상급의 생두 등급으로 표기하고 있는 국가는 어느 나라인가?

① 인도　　　　　② 콜롬비아　　　　　③ 과테말라　　　　　④ 인도네시아

12. 몬순 커피로 유명하며, 현재는 로부스타 종 중 최고급 로부스타인 '카피 로얄 로부스타'가 생산되는 국가는 어느 나라인가?

① 인도　　　　　② 베트남　　　　　③ 코스타리카　　　　　④ 인도네시아

13. 로부스타 종의 커피 생산량이 많은 나라이지만 고급 아라비카 종이 생산되는 것으로도 유명하고, 특히 수마트라 섬에서 생산되는 수마트라 만델링, 수마트라 가요마운틴 등 독특한 향과 강렬한 맛을 지니고 있는 커피가 생산되는 국가는 어느 나라인가?

① 인도　　　　　② 브라질　　　　　③ 베트남　　　　　④ 인도네시아

14. 에티오피아는 생두의 등급을 'Grade'로 표기하여 등급을 분류하는데, 이 등급을 나누는 기준은 무엇인가?

① 생두의 크기　　　② 생두의 조밀도　　　③ 생두의 종자　　　④ 생두 결점두의 수량

15. 로스팅의 초기 시점으로 '수분날리기'를 진행하는 단계로, 커피의 맛과 향을 느끼기에는 현실적으로 불가능한 로스팅 단계는?

(　　　　　　　　　　　　　　)

16. 밸런스가 잡히기 시작하는 시점이면서 커피의 맛과 향이 깊어지기 시작하는 단계로, '저먼 로스팅'이라고도 하며 로스팅의 표준이라고 불리는 로스팅 단계는?

(　　　　　　　　　　　　　　)

17. 성공적인 로스팅을 위해 꼭 거쳐야 하는 과정으로 로스팅 방식(직화식, 반열풍식, 열풍식)과 상관없이 로스팅 시작 전에 공통적으로 무조건 진행해야 하는 과정을 무엇이라고 하는가?

① 로스터기 초기 예열 단계

② 생두 투입 단계

③ 수분날리기 단계

④ Yellow 단계

18. 원두의 표면뿐만 아니라 내부까지 충분히 열이 전달되는 되는 단계로, 로스팅의 마무리 시점인 단계를 무엇이라고 하는가?

① 1차 크랙 단계　　　　② 생두 투입 단계

③ 2차 크랙 단계　　　　④ Yellow 단계

19. 로스팅 진행 과정 중 열 공급의 강약을 조절하는 작업으로, 이것의 조절을 통해 커피의 다양한 맛과 향들을 표현할 수 있는데 이 작업을 무엇이라고 하는가?

(　　　　　　　　　　　　　　)

20. 다음 중 로스팅 시 '댐퍼 OPEN'으로 인해 기대할 수 있는 효과로 보기 어려운 것은 무엇인가?

① 생두의 풋내 제거　　　　② 생두 외 이물질 제거

③ 바디감의 상승　　　　　④ 은피 배출

21. 로스팅을 진행하면서 단계별로 변화하는 과정으로, 생두 상태의 녹색에서 노란색으로, 그리고 갈색에서 점점 검은색 계열로 변화하는 과정을 무엇이라고 하는가?

① 수분 함량의 변화　　　　② 색상의 변화

③ 맛의 변화　　　　　　　④ 향의 변화

22. 탄수화물 중 유리당류는 원두의 색상과 향의 형성에 영향을 주는데, 유리당류 중에서도 가장 많고 설탕이라고도 불리는 이것은 무엇인가?

(   )

23. 식품의 조리 혹은 가공 과정에서 갈색으로 변하는 현상을 무엇이라고 하는가?

(   )

24. 커피의 떫은 맛에 영향을 주며, 로스팅 정도에 비례하여 감소하고, 로스팅 속도에 반비례하여 감소를 하는 이 성분은 무엇인가?

① 클로로겐산   ② 아미노산   ③ 유기산   ④ 자당

25. 다음 중 '선 블렌딩, 후 로스팅(Blending Before Roasting)'의 단점이라고 보기 어려운 것은 무엇인가?

① 로스팅 시 블렌딩된 단종 커피별로 변수가 발생할 확률이 높다.

② 맛과 향에 있어서 특별한 개성이 없다고 느껴질 수 있다.

③ 재고 관리가 힘든 편이다.

④ 처음에 기준을 잡을 때 많은 시간이 걸릴 수 있다.(생두 선택, 생두 비율 맞추기 등)

APPENDIX

부록

- 모의고사 정답

- 로스팅 프로파일로그

- 등급별 로스터 기기 구성

- 실무 용어 정리

로스팅마스터 자격 필기 모의고사 정답

Answers for Trial Tests

▶▶ 모의고사 1회 정답 ◀◀

01	④	02	아라비카 종	03	인도 카피 로얄 로부스타	04	②
05	①	06	②	07	Broken Bean	08	①
09	②	10	0.4 mm	11	④	12	브라질	13	②
14	코스타리카	15	수프리모 (Supremo)	16	반열풍식	17	③
18	①	19	④	20	1차 크랙	21	③	22	③
23	④	24	탄산가스	25	③

▶▶ 모의고사 2회 정답 ◀◀

01	커피 체리	02	②	03	③	04	③	05	①
06	올드 크롭	07	스크리너	08	디펙트 환산표	09	④
10	④	11	과테말라	12	②	13	직화식	14	①
15	④	16	①	17	④	18	②	19	①
20	②	21	③	22	③	23	④	24	③
25	①

▶▶ 모의고사 3회 정답 ◀◀

01	생두 (Green Bean)	02	①	03	②	04	로부스타 종
05	①	06	Insect Damaged Bean	07	④	08	④
09	①	10	③	11	조밀도	12	②	13	④
14	①	15	Wet Hulling	16	열풍식 로스터기
17	미디엄 로스팅 (Medium Roasting)	18	③	19	④	20	④
21	②	22	댐퍼	23	수분 함량	24	비효소적 갈변 반응
25	단종(Straight) 커피

▶▶ 모의고사 4회 정답 ◀◀

01	몬도노보 종	02	④	03	핸드 픽	04	Immature Bean
05	Shell Bean	06	패스트 크롭	07	워시드 프로세스 (Washed Process)	08	②
09	결점두	10	④	11	③	12	①	13	④
14	④	15	라이트 로스팅 (Light Roasting)	16	씨티 로스팅 (City Roasting)
17	①	18	③	19	화력 조절	20	③	21	②
22	자당	23	갈변 반응	24	①	25	③

로스팅 프로파일로그 (차)

날짜		수험생(성명)		수험번호	

배치		커피		실내 온도		실내 습도	

구분	투입	1차 크랙시작	1차 크랙종료	2차 크랙시작	2차 크랙종료	구분	무게
시간	:	:	:	:	:		
온도							

℃

250
240
230
220
210
200
190
180
170
160
150
140
130
120
110
100
90
80
70
60
50
40
30
20
10

0 1 2 3 4 5 6 7 8 9 10 11 12 13 14 15

로스팅 프로파일로그 (차)

날짜		수험생(성명)		수험번호	

배치		커피		실내 온도		실내 습도	

구분	투입	1차 크랙시작	1차 크랙종료	2차 크랙시작	2차 크랙종료		구분	무게
시간	:	:	:	:	:			
온도								

℃

등급별 로스터 기기의 실제 구성

---

01   *교육(샘플)용 로스터기의 구성*

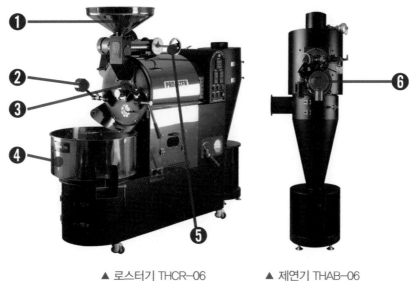

▲ 로스터기 THCR-06   ▲ 제연기 THAB-06

❶ 호퍼 (Hopper) : 로스팅할 생두를 담아 두는 장치

❷ 무게 추 (Weighing Lever) : 드럼 본체로부터 로스팅된 원두를 배출하는 장치

❸ 샘플러 (Sampler) : 로스팅의 진행 상황을 확인할 수 있는 장치

❹ 쿨링 트레이 (Cooling Tray) : 커피 콩 내부의 높은 온도를 빠르게 식혀 주는 장치

❺ 댐퍼 (Damper) : 드럼 내부의 공기 흐름과 열량을 조절하는 장치

❻ 사이클론 (Cyclone) : 로스팅 시 발생한 미세먼지 및 냄새를 집진하고 채프(Chaff, 생두 껍데기)
를 배출시켜 쌓는 장치

❶ 호퍼 (Hopper) : 로스팅할 생두를 담아 두는 장치

❷ 투명 유리창(Bean Check Window) : 로스팅 상태를 체크할 수 있는 투명 창

❸ 무게 추 (Weighing Lever) : 드럼 본체로부터 로스팅된 원두를 배출하는 장치

❹ 쿨링 트레이 (Cooling Tray) : 커피 콩 내부의 높은 온도를 빠르게 식혀 주는 장치

❺ 호퍼 게이트 (Hopper Gate) : 호퍼의 생두를 드럼 본체로 넣어 주는 장치

❻ 조절 버튼 (Control Buttons) : 로스터 본체인 드럼의 쿨링과 On/Off 등을 조절하는 장치

03 산업용 대용량(180kg) 로스터기의 구성

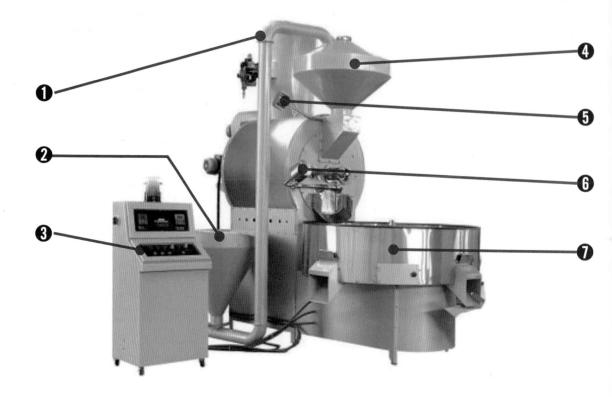

❶ 진공 이송관 (Loader) : 로스팅할 생두를 투입구로부터 호퍼까지 이동시키는 장치

❷ 생두 투입구 (Inputting Pot) : 생두를 공급하는 장치, '하부 호퍼'라고도 불림

❸ 조절 패널 (Control Panel) : 전반적인 로스터 본체의 쿨링과 On/Off 등을 조절하는 장치

❹ 호퍼 (Hopper) : 투입구로부터 공급받은 생두를 드럼 본체로 공급하는 장치

❺ 호퍼 게이트 (Hopper Gate) : 호퍼의 생두를 드럼 본체로 넣어 주는 장치

❻ 무게 추 (Weighing Lever) : 드럼 본체로부터 로스팅된 원두를 배출하는 장치

❼ 쿨링 트레이 (Cooling Tray) : 커피 콩 내부의 높은 온도를 빠르게 식혀 주는 장치